国家自然科学基金青年科学基金项目(52208244)资助

河南省科技厅科技攻关项目(222102320034,212102310974)资助

河南省高等教育教学改革研究与实践重点项目(研究生教育)(2021SJGLX022Y)资助

河南省高等教育教学改革研究与实践项目(研究生教育)(2019SJGLX057Y)资助

废旧高分子材料在建材领域的应用

范利丹　著

中国矿业大学出版社

·徐州·

内 容 提 要

本书将硅橡胶粉应用于改性沥青、改性沥青混合料、改性砂浆等建材领域,一方面可以实现对退役绝缘子硅橡胶的回收利用,缓解资源压力;另一方面为开发新的弹性沥青、沥青混合料和砂浆改性剂提供了新思路。根据前人的研究成果,在混凝土中加入塑料骨料,混凝土的强度会下降,这是制约废旧塑料以骨料的形式添加到混凝土中的主要原因。为了减缓强度随塑料骨料含量增加而迅速下降,本书探索了一种水泥与废旧 PVC 共混后再造粒的方法,制备出一种水泥PVC 共混骨料。探究了水泥 PVC 共混骨料对砂浆流动性、表观密度、力学性能、硬化砂浆孔结构等的影响。

图书在版编目(CIP)数据

废旧高分子材料在建材领域的应用 / 范利丹著. —
徐州:中国矿业大学出版社,2023.3
ISBN 978 - 7 - 5646 - 5342 - 2

Ⅰ. ①废… Ⅱ. ①范… Ⅲ. ①高分子材料—应用—建
筑材料—研究 Ⅳ. ①TU5

中国版本图书馆 CIP 数据核字(2022)第 048348 号

书　　名	废旧高分子材料在建材领域的应用
著　　者	范利丹
责任编辑	杨　洋
出版发行	中国矿业大学出版社有限责任公司
	(江苏省徐州市解放南路　邮编 221008)
营销热线	(0516)83884103　83885105
出版服务	(0516)83995789　83884920
网　　址	http://www.cumtp.com　E-mail:cumtpvip@cumtp.com
印　　刷	徐州中矿大印发科技有限公司
开　　本	787 mm×1092 mm　1/16　印张 8.25　字数 210 千字
版次印次	2023 年 3 月第 1 版　2023 年 3 月第 1 次印刷
定　　价	48.00 元

(图书出现印装质量问题,本社负责调换)

前　言

　　高分子材料作为材料行业的重要分支,已经渗入生活以及工业领域各个方面,发挥着不可替代的重要作用。随着对高分子材料需求的日益增长,高分子材料使用之后的环境问题也越来越突出。固体废旧高分子材料的后处理成为世界各国学者研究的重点。对废旧高分子材料的回收和再利用势在必行,同时废旧高分子材料也具有一定的利用优势,因而当务之急是寻求合理有效的途径以进行回收和利用。传统的填埋处理方式不但占用大量的土地资源,而且塑料在土壤中会长期累积且很难降解,因此对环境和农作物都具有巨大的危害。

　　采用合理的方法将废旧高分子材料应用到建筑行业中,既可以为建筑行业提供新的建筑材料,降低建设成本,又可以实现废旧高分子材料的回收再利用,减少对生产和生活产生的负面影响。废旧高分子材料回收再利用以制备建筑材料具有独特的优势:(1)废旧高分子材料的难降解性使提供的建筑材料长期稳固;(2)废旧高分子材料来源广泛,可以实现规模化回收供应,保证了建筑材料的稳定生产;(3)废旧高分子材料回收再利用方法和工艺比较简单,再生产的产品类型很多。

　　回收利用废旧高分子材料是现代建筑行业的大势所趋,既可以降低建筑材料的生产成本,又可以起到循环利用、节约资源、保护环境的作用,一举多得。现在已经开发出了多种废旧高分子材料基的建筑材料,如墙体材料,包括塑料和玻璃复合材料砖;金属橡胶复合混凝土,在实际的施工应用中能够解决墙体开裂、裂缝、隔音问题和抗冲击能力缺陷;复合混凝土保温砌块,实现对混凝土保温砌块的抗压、隔音、保温功能的促进和提升作用;用回收的废旧高分子材料和粉煤灰进行混合制备建筑用瓦。废旧高分子材料还可以用来制备建筑装饰材料,例如塑料装饰板材和高阻燃建筑装饰等。此外,还可以用来制备复合防水材料、塑料地板、木塑复合板材等,这些产品都具有相当广阔的应用前景和明显的应用优势。

　　自 20 世纪 40 年代至今,美国、英国、南非等国已将橡胶沥青大量应用到工程中,并建立了完备的技术规范,极大地促进了橡胶粉在改性沥青及其混合料中的应用。橡胶沥青具备的三维结构对沥青性能具有较好的改善作用,而影响橡胶沥青三维结构形成的主要因素是搅拌速度、搅拌温度和反应时间。较大粒径的橡胶粉能减缓高温下沥青黏度的下降趋势,提高路面的抗车辙能力。轮胎胶粉在沥青中既存在溶胀反应,又存在降解过程,能够有效改善轮胎胶粉与沥青的溶胀效果和稳定性。加入橡胶能够延长沥青混合料的疲劳寿命。橡胶改性沥青混合料的养护成本约为普通沥青混合料的1/3。相比于普通拌和技术,使用新型温拌技术拌和橡胶沥青混合料,可显著改善其低温性能和水稳定性。

橡胶混凝土是以混凝土为基材,加入破碎后的橡胶颗粒或橡胶粉制成的复合材料。橡胶混凝土的研究始于美国,20世纪90年代后期才在我国广泛展开,目前在工作性能、力学性能、耐久性方面的研究均取得了阶段性进展。橡胶混凝土的制作成本低,工艺简单,因此应用前景广阔。

废旧塑料也开始被应用于混凝土,塑料骨料大多数是从不同来源的废旧塑料制备而来的,通常对塑料废弃物进行简单的处理,洗涤除去附在其表面的杂质,用粉磨机把塑料磨粉然后经筛分获得合适的粒度。

塑料作为骨料添加到混凝土中对混凝土性能的影响很大,已有大量试验探索了塑料骨料对新拌混凝土性能(坍落度、容重、含气量等)的影响。关于塑料混凝土的和易性存在两种并行的观点:(1)随着塑料骨料添加量的增加,其坍落度越来越小,原因是塑料骨料边缘锋利和棱角分明。此外有些骨料存在大量的表面空隙。(2)也有研究表明塑料骨料的添加可以提高混凝土的坍落度值,这是因为塑料骨料不像天然骨料一样,在混合过程中几乎不吸收水分,使得塑料混凝土有较多的自由水。

塑料骨料对硬化混凝土性能也有较大影响。塑料骨料的掺入会降低混凝土/水泥砂浆的抗压强度,可能是因为:(1)塑料骨料与水泥浆表面之间低的黏结强度;(2)塑料骨料疏水的本质属性,通过限制水的移动进而抑制水泥水化反应。大量试验表明:塑料骨料对混凝土抗折强度、抗劈裂强度的影响与对抗压强度的影响相似,即添加塑料可以降低混凝土的抗折强度与抗劈裂强度。

橡胶在沥青、沥青混合料、砂浆、混凝土等建材领域中的应用研究已经取得了丰硕的成果,并在工程中得到广泛应用,但是以上领域中所使用的橡胶大多数来源于再生轮胎和废鞋底。硅橡胶在建材领域中的应用尚未见报道。硅橡胶作为一种弹性体材料,与轮胎橡胶相比具有相似的韧性和更好的耐久性。为了探索退役绝缘子硅橡胶回收再利用方法,本书参照废旧轮胎橡胶将其应用于改性沥青、改性沥青混合料、改性砂浆等建材领域,一方面可以实现对退役绝缘子硅橡胶的回收利用以缓解资源压力,另一方面为开发新的弹性体沥青、沥青混合料和砂浆改性剂提供新思路。

塑料骨料加入混凝土可以有效改善混凝土的多种性能,使混凝土的耐久性增强,但塑料骨料的加入对混凝土也会产生不利的影响。其中限制废旧塑料广泛应用到混凝土中的因素是塑料骨料的加入会大幅度降低混凝土的抗压强度,避免或降低塑料骨料对混凝土或砂浆强度的损害是使废旧塑料在混凝土或砂浆中得到广泛应用的最有效的方法。本书探索了一种水泥与废旧聚氯乙烯(PVC)共混后再造粒的方法,制备了水泥PVC共混骨料;探索了水泥PVC共混骨料对砂浆流动性、表观密度、力学性能、硬化砂浆孔结构等的影响。

在本书的出版过程中,河南理工大学材料与科学工程学院秦刚教授以及硕士研究生申忠硕、尚海涛做出了一定贡献,深表感谢。

作　者

2022 年 1 月

目　　录

第二部分　废旧塑料骨料在砂浆中的应用

第一部分

退役绝缘子硅橡胶在建材领域的应用

1　退役绝缘子硅橡胶及其应用简介

1.1　研究背景及意义

在电力电网领域,绝缘子为一种特殊的绝缘器件,用于支撑电线、隔离带电体,早期用于电线杆,现多用于高压电线连接塔[1-2]。中国目前交流线路中运行的绝缘子全部为复合绝缘子,主要用于解决污闪问题。根据多年的使用经验得出如下结论:复合绝缘子可以严控大面积污闪事故的发生,减少清理和维护工作,已经成为我国在污染严重地区高压电路安全运行的一道重要屏障。截至 2017 年年底,中国国家电网公司的统计数据显示:超过 66 kV 复合绝缘子挂网运行数量已超过 1 000 万支[3]。复合绝缘子的使用也从交流线路延伸到了直流线路,如今我国直流线路中复合绝缘子已占绝缘子使用总量的一半以上[4]。

复合绝缘子虽然具有安全防污闪、服役年限长(一般运行 15 年仍具有良好的性能)等优点[5],但是长时间使用同样会造成老化退役。引起复合绝缘子材料老化的主要因素包括光老化、热老化、电老化、环境老化(酸蚀、积污、气流、沙蚀、盐)等。老化后的绝缘子表面憎水性减弱,安全防污闪性能变差[6-7]。

随着环保部门对固体废弃物管理工作的日益重视,固体废弃物的妥善处置及再利用已经成为环保科研人员研究的重要方向之一。因此,处置好退役复合绝缘子对于充分利用可再生资源和降低对环境污染非常重要。绝缘子硅橡胶来源于复合绝缘子外表包覆层,随着复合绝缘子的老化而退役,但是其仍然具有良好的绝缘性、耐久性、耐水耐油性等性能,具有较高的二次利用价值[8-10]。

优质的沥青材料在服役过程中应满足:高温时具备稳定性,从而确保沥青混合料具有强抗车辙能力;低温时具备抗裂性,能够抑制路面因张力过大而脆裂;还应具有良好的抗疲劳性和抗老化性,以延长路面的使用年限[11]。然而普通石油沥青存在延度低、耐高低温性能差、黏结力小、含蜡量高等缺点,其路用性能较差,导致沥青路面负载能力较小且易损坏[12]。为了提升沥青材料的综合性能,使之更符合高等级公路建设的要求,国内外学者对改性沥青的研究方兴未艾,其中的一条重要分支就是橡胶粉改性沥青。

有些建材领域对砂浆和混凝土强度的要求并不高,但是对韧性和动态抗冲击性却有一定的要求。研究发现:在混凝土中掺入橡胶颗粒之后,虽然其抗折强度、抗压强度、劈裂拉伸强度等降低,但是韧性、延展性以及动态抗冲击性能会得到提高[13],而且可解决砂浆、混凝土的脆性断裂和耐久性问题[14]。

本研究参考轮胎橡胶在建材中的应用,将硅橡胶应用于建材领域,一方面实现对退役绝缘子硅橡胶的回收利用,缓解资源压力;另一方面为开发新的弹性体沥青、沥青混合料和砂浆改性剂提供思路。

1.2 国内外研究现状

1.2.1 硅橡胶

硅橡胶的使用开始于 20 世纪 40 年代,主链由硅和氧原子交替构成,硅原子向外连接两个有机基团,是一种兼具无机性质和有机性质的高分子弹性材料。二甲基硅橡胶分子中与硅相连的侧基为甲基,分子间作用力小,分子呈螺旋状,甲基向外排列并可自由旋转,使硅橡胶具备特有的性能,如优良的耐高低温性、憎水性、耐油性、耐化学腐蚀性、耐候性、电绝缘性以及特殊的生理惰性等。具体而言,硅橡胶一般在 -55 ℃超低温环境下仍能继续工作,也可以在 200 ℃高温环境中服役数周且仍具有较高弹性。此外,硅橡胶的透气性能良好,其氧气透过率在合成聚合物中是最高的。

基于以上优秀性能,硅橡胶可用于模压成型制备高电压绝缘子和其他电子元件[15-16];用于生产电视机、DVD 播放机、电脑等家用电器;可用于需要耐候性能和耐久性能良好的电子零部件的封装材料、车辆电气零件等;由于其具有特殊的生理惰性,在医疗领域也有广泛的应用[17-18]。

硅橡胶在电力系统中的应用基础日趋完善,国内外许多学者对复合绝缘子外表包覆层硅橡胶的改性和制备工艺优化等进行了一系列研究,开发出的硅橡胶材料不仅达到绝缘子标准所要求的力学性能、憎水性、耐候性,还具有更高的阻燃、耐漏电起痕性能[19-20]。

1.2.2 橡胶沥青

20 世纪 40 年代至今,美国、英国、南非等国已将橡胶沥青大量应用到工程中,并建立了完整的技术规范,极大地促进了橡胶粉在改性沥青及其混合料中的应用[21-23]。

(1) 橡胶改性沥青及其混合料

M. Ragab[24]研究发现:橡胶沥青具备的三维结构对沥青性能具有较好的改善效果,而影响橡胶沥青三维结构形成的主要因素是搅拌速度、搅拌温度和反应时间。M. Liang 等[25]揭示了橡胶粉微观结构及其与橡胶沥青黏附性能、贮存稳定性的关系,发现较大粒径的橡胶粉能减缓高温下沥青黏度的下降趋势,提高路面抗车辙能力。N. A. Hassan 等[26]对不同比例、不同粒径的橡胶沥青在干燥工艺下的微观组织进行研究,发现沥青混合料的气孔性能受橡胶含量与级配的影响较大。张晓亮等[27]采用废旧轮胎胶粉与其他黏结剂制备改性沥青,研究结果表明:轮胎胶粉在沥青中既存在溶胀反应,又存在降解过程,使用其他黏结剂能够有效改善轮胎胶粉与沥青的溶胀效果和稳定性。

M. T. Souliman 等[28]研究发现:加入橡胶能够延长沥青混合料的疲劳寿命;橡胶改性沥青混合料的养护成本约为普通沥青混合料的 1/3。王伟明等[29]的试验结果表明:相比于普通拌和技术,使用新型温拌技术拌和橡胶沥青混合料可显著改善其低温性能和水稳定性。聂浩[30]研究了橡胶改性沥青混合料的性质,研究结果表明:橡胶粉可以很好地改善沥青混合料的低温抗裂性能和抗水损害能力,有效提高沥青路面的使用寿命,同时使用橡胶与其他高分子材料复合改性时沥青混合料路用性能更优。黄文元等[31]参考美国的改性沥青范例,通过车辙试验、马歇尔试验等对照研究橡胶改性沥青和 SBS 改性沥青性能,并创立了适用于我国国情的胶粉改性沥青工艺系统。王志龙等[32]总结分析了温拌工艺对橡胶沥青结合料和混合料施工阶段的改性影响,认为拌和温度和施工时间对施工阶段橡胶沥青的影响远大于掺量的影响。

（2）橡胶改性沥青在工程中的应用

美国是世界上较早将橡胶粉应用于道路工程的国家,采用橡胶粉改性沥青铺筑的公路路面已达数万公里。俄罗斯为防止冬季路面结冰打滑现象的发生,降低交通事故概率,在路面上加入废轮胎胶粒。英国为了降低车辆行驶时产生的噪音,在萨里郡交通最繁忙的几条公路中均使用了废旧轮胎橡胶。南非60%以上的道路沥青为橡胶沥青,使用效果良好[33]。

相对而言,我国在橡胶沥青方面的研究起步较晚,20世纪80年代才开始橡胶沥青路面的试铺筑,但是也取得了丰硕的科研理论与工程实践成果[34-39]。从20世纪90年代开始,我国先后在北京、广东、四川、重庆和上海等省份的高速公路和机场跑道工程中应用了橡胶粉改性沥青技术,工程质量良好[40]。2010年首次采用干式橡胶沥青拌和工艺,将橡胶沥青混合料大规模应用到G20高速公路的养护中;同年,福建省厦门市湖边水库金边路3 000 m²路面使用改性橡胶沥青混合料铺筑,截至目前,路面使用效果良好[41-42]。2011年南安市使用橡胶改性沥青混合料对市区9条主干道的近8万 m²路面进行升级改造,均获得了良好的使用效果。2017年,河北承德市公路管理处在滦平县的省道京承线巴克什营至平坊段（K0+000 m—K28+562 m）大修工程中采用橡胶沥青混合料铺筑路面,经施工检测,试验路段的各项性能良好[43]。

1.2.3 橡胶混凝土

关于橡胶混凝土的研究始于美国,20世纪90年代后期我国才广泛展开,目前在工作性能、力学性能、耐久性方面的研究均取得了阶段性进展。在工程方面,橡胶混凝土已经在运动场、院墙、河口、房屋结构等工程中得到了应用。橡胶混凝土制作成本低,工艺简单,应用前景广阔[44]。

（1）橡胶混凝土的工作性能

橡胶混凝土拌合物的工作性能受橡胶尺寸、掺量、形貌影响较大,目前针对该性能研究的结论也存在显著差异。本书主要通过坍落度的研究现状分析橡胶混凝土的工作性能。

A. Sofi[45]认为使用橡胶粉不论等体积取代粗集料或细集料制备混凝土,其坍落度都会随着胶粉掺量的增加而降低。H. Zhu等[46]认为采用橡胶取代细集料时,橡胶颗粒在混凝土中存在上浮现象从而影响坍落度。A. Benazzouk等[47]认为橡胶混凝土的坍落度随着橡胶掺量的增加呈增大趋势。而王德奎[48]的研究结果与A. Benazzouk等的研究结果完全相反。郑晓莉[49]通过研究不同橡胶粉掺量（0%、1%、2%、3%、4%和5%）和粒径（40目和60目）对混凝土坍落度的影响,发现随着橡胶颗粒掺量的增大,混凝土坍落度先增大后减小,且使用40目橡胶时混凝土坍落度小于60目时的。徐宏殷等[50]研究发现橡胶粒径为3～6 mm时,随着橡胶掺量的增加混凝土的坍落度逐渐增大;橡胶粒径为1～3 mm和60目时,随着橡胶掺量的增加,混凝土的坍落度先增大后减小。

（2）橡胶混凝土的力学性能

本书主要从橡胶混凝土的抗折强度、抗压强度、抗冲击性和抗干缩开裂性方面对混凝土的力学性能进行论述。

橡胶混凝土强度大致体现出随着橡胶掺量的增加而降低的趋向,但不同学者的研究结果略有差异。K. Bisht 等[51]研究了橡胶等质量代替细集料对橡胶混凝土力学性能的影响,其中橡胶掺量的变化区间为 4.5％～5.5％,随着橡胶掺量的增加,混凝土抗折强度、抗压强度逐步降低,但空隙率逐渐增大。A. Gholampour 等[52]的试验研究结果也表明混凝土抗压强度会随着橡胶掺量的增加而迅速下降。A. Benazzouk 等[53]对橡胶混凝土的各项物理力学指标均进行了研究,试验结果显示:弹性系数大、表面粗糙的橡胶颗粒相对于表面光滑的橡胶更能提高混凝土韧性和抗折强度。刘誉贵等[54]认为利用尿素和 $NaHSO_3$ 两种改性剂对橡胶颗粒进行氨化与磺化改性可提高橡胶混凝土强度。周栋等[55]的试验结果表明:橡胶混凝土抗压强度随橡胶颗粒尺寸的增大呈现先增大后减小的变化趋势。

普通混凝土为抗冲击性能差的脆性材料,不容易抵抗高强度的冲击荷载,掺入具有弹韧性的橡胶能够显著改善混凝土的抗冲击性。L. He 等[56]对比分析橡胶掺量为 4％的橡胶混凝土与普通混凝土的抗冲击强度,发现橡胶混凝土的抗冲击强度为普通混凝土的 1.22 倍。O. Youssf 等[57]研究发现:橡胶颗粒等体积取代 50％的砂时,混凝土的抗冲击强度为普通混凝土的 3.5 倍。兰成[58]研究认为:橡胶混凝土的抗冲击能力受橡胶尺寸的影响较大,掺加粗粒径橡胶颗粒混凝土的抗冲击能力优于掺加细粒径橡胶颗粒混凝土。而沈卫国等[59]的研究结论恰好与兰成的相反,认为掺加细粒径橡胶颗粒混凝土的抗冲击性能优于粗粒径橡胶混凝土。

由于橡胶粉为弹性体材料,且弹性模量低,故可以一定程度上吸收橡胶混凝土的收缩应力,对混凝土的干缩开裂具有抑制作用。A. Turatsinze 等[60-61]使用 4 目橡胶分别以 20％和 30％的掺量加入混凝土,验证了橡胶具有抑制混凝土干缩开裂的作用。P. Sukontasukkul 等[62]发现使用粒径较小的橡胶颗粒可使橡胶混凝土的性能更优异,小颗粒橡胶混凝土具有较低的密度和吸收、膨胀系数,从而减少干缩开裂,但同时减少了对冲击的吸收。王宝民等[63]通过对橡胶混凝土进行抗裂性试验,发现与普通混凝土相比其开裂面积大幅度减小,具有更好的抗裂性,一定程度上降低了混凝土的早期开裂。

(3) 橡胶混凝土的耐久性

混凝土耐久性是指在服役年限内混凝土可有效抵御环境侵蚀,依然保持外观完整和内部构造良好,从而维持混凝土构件安全使用的能力。本书从抗氯离子、抗碳化、抗冻性、抗渗性和高温后力学性能五个方面阐述橡胶混凝土耐久性的研究现状。

氯离子渗透是钢筋混凝土破坏的最主要原因之一。N. Oikonomou 等[64]的研究结果表明:混凝土氯离子渗透率随着橡胶掺量的增加而降低,橡胶混凝土中橡胶掺量为 2.5％～15％时,氯离子渗透率相比于基准混凝土降低 14.22％～35.85％。欧兴进等[65]的试验结果表明:橡胶掺量增加对橡胶混凝土氯离子扩散性具有抑制作用,橡胶掺量为 3％时,混凝土氯离子渗透率降低 16.1％;橡胶掺量为 10％时,混凝土氯离子渗透率降低 35.9％。叶启军等[66]认为在海洋环境中橡胶混凝土抗氯离子能力较强,因此可以作为非承重构件在海水环境中使用。

混凝土中的碱性物质与大气中的 CO_2 反应,生成碳酸盐和水,使混凝土碱度降低的过程称为混凝土碳化。碳化可使混凝土结构中的钢筋失去钝化膜的保护,极易生锈,进而使结构破坏。袁群等[67]试验结果表明:橡胶的掺入促进混凝土碳化,尤其是掺量为 15％～20％且橡胶粒径较大时,橡胶混凝土抗碳化效果较差。于群等[68]认为虽然橡胶颗粒的掺入对混凝土早期抗碳化性能产生了不利作用,但是提升了混凝土后期的抗碳化能力;橡胶掺量和尺寸均对混凝土碳化性能产生较大影响,当橡胶尺寸较小且等体积取代细集料 10% 时,抗碳化效果较好。

混凝土在冰冻解冻过程中可产生内应力,使其结构疏松,内部发展裂纹,直至表层剥落或整体破坏。A. M. Neville 等[69]认为橡胶具有与传统引气剂相似的性质,可以创造微小的孔隙(凝胶孔),这种孔隙可以释放压力,使混凝土在较低温度下都没有冰晶形成,保护其免受冻融破坏。A. R. Khaloo 等[70]认为橡胶混凝土抗冻融破坏能力增强是橡胶颗粒非极性表面粗糙,其中夹带空气所导致的。A. Benazzouk 等[71]研究橡胶颗粒的水力特性时发现添加橡胶粉往往可以限制水传播,减少水分吸收。季卫娟[72]的研究结果同样表明:由于橡胶表面粗糙且与水泥浆相容效果不佳,故橡胶在混凝土中扮演引气剂,且尺寸越小,改善混凝土抗冻性能的效果越明显;经表面改性处理的橡胶更能提高混凝土的抗冻性能。

混凝土中加入具有憎水性的橡胶后内部孔隙吸水率降低,抗渗性增大。R. Si 等[73]研究发现:橡胶混凝土吸水率随着橡胶掺量增加而降低,但橡胶掺量超过 35% 之后,混凝土工作性降低,内部孔隙数量增加,吸水率趋于增大。K. Bisht 等[51]却得出相反的结论:橡胶混凝土的吸水率随着橡胶掺量的增加而增大,掺加 5.5% 橡胶集料的混凝土养护 28 d 后吸水率为 3.21%,然而基准混凝土的吸水率仅为 1.91%。

国内外学者对高温处理后混凝土力学性能变化的研究已取得了部分成果,朋改非等[74]研究发现:经历低于 400 ℃ 的高温后,普通混凝土抗压强度略微升高。张海波等[75]研究发现:橡胶经 200 ℃ 高温处理后可增加其与水泥砂浆的界面结合强度,但是并未对高温后橡胶砂浆的力学性能进行详细研究。

(4)橡胶混凝土其他性能

由于橡胶自身密度明显低于粗细骨料,且橡胶颗粒的掺入会夹杂气体,所以橡胶混凝土的密度随着橡胶的掺量增加而减小[76]。周金枝等[77]建立了橡胶混凝土密度与强度折减系数之间的线性拟合方程,表明二者之间存在较好的联系。杨若冲等[78-79]通过改变噪音仪位置对比不同测试距离时橡胶混凝土的噪音水平,结果显示噪音水平随着橡胶掺量的增加而降低,且大粒径橡胶降噪效果明显优于小粒径。

1.3　研究目的及内容

橡胶在沥青、沥青混合料、砂浆、混凝土等建材领域中的应用研究已取得了丰硕的成果,并且在工程中得到了广泛应用,但是以上领域所使用的橡胶大多数来源于再生轮胎和废鞋底,硅橡胶在建材领域中的应用尚未见报道。硅橡胶作为一种弹性体材料,与轮胎橡胶相比具有相似的韧性和更好的耐久性。为了探索退役绝缘子硅橡胶回收再利用方法,参照废旧轮胎橡胶将其应用于改性沥青、改性沥青混合料、改性砂浆等建材领域,一方面可以实现对退役绝缘子硅橡胶的回收利用,缓解资源压力;另一方面为开发新的弹性体沥青、沥青混合料和砂浆改性剂提供了新思路。

本书主要研究内容包括以下几个方面:

(1)硅橡胶基本性能表征(包含 FTIR、TG-DSC、SEM、EDS)和接触角表征,为其在建材领域中的应用提供理论基础。

(2)基质沥青为 70#,硅橡胶粉粒径为 120 目、150 目、180 目,硅橡胶粉掺量为 15%、

20%、25%，搅拌温度为 160 ℃、180 ℃、200 ℃，采用 3 因素 3 水平正交试验设计方法，以软化点和 5 ℃延度为评价指标，寻找制备硅橡胶改性沥青的最佳条件。

（3）基质沥青为 70# 和 90#，以正交试验结果改性沥青最佳制备条件为基础，研究硅橡胶粉粒径、硅橡胶粉掺量、搅拌温度对改性沥青性能的影响。

（4）以硅橡胶粉改性沥青为原料，制备硅橡胶粉改性沥青混合料，通过马歇尔试验确定最佳油石比，并测定最佳条件时硅橡胶粉改性沥青混合料的高温稳定性、低温稳定性、水稳定性。

（5）选择 5 目、10 目、20 目、50 目 4 种粒径的绝缘子硅橡胶颗粒，每种粒径按 5%、10%、15%、20%、30%等体积取代砂掺入砂浆测定其力学性能，研究硅橡胶掺量与粒径对砂浆力学性能的影响。

（6）使用 KOH、H_2O_2、钛酸酯偶联剂（TCA）对硅橡胶进行表面处理，同时使用 H_2O 对硅橡胶进行表面处理作为对比，测定硅橡胶砂浆力学性能、耐久性（碳化性能、抗冻融性能、高温后力学性能）和其他性能（密度、导热性、吸声性能）。

1.4　技术路线

本试验技术路线如图 1-1 所示。

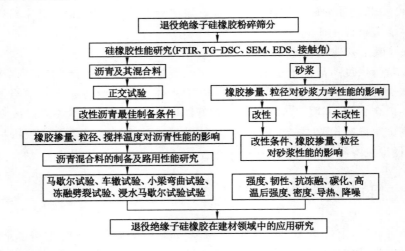

图 1-1　技术路线

2 硅橡胶粉改性沥青的制备及性能研究

2.1 试验材料和设备

本章试验所用 70#、90# 基质沥青的基本技术指标和实测值见表 2-1。

表 2-1 70#、90# 基质沥青的基本技术指标和实测值

沥青种类	项目名称	指标	实测值
70#	针入度(25 ℃,100 g,5 s)/0.1 mm	60~80	64.7
	软化点/℃	≥46	53.2
	延度(15 ℃,5 mm/min)/mm	≥100	113
	延度(5 ℃,5 mm/min)/mm	实测值	11
90#	针入度(25 ℃,100 g,5 s)/0.1 mm	80~100	95
	软化点/℃	≥45	51.4
	延度(15 ℃,5 mm/min)/mm	≥100	132
	延度(5 ℃,5 mm/min)/mm	实测值	5

本章所使用试验设备见表 2-2。

表 2-2 试验设备

设备名称	型号	生产厂家
傅立叶红外光谱仪(FTIR)	Nicolet 2002SXV	赛默飞世尔科技(中国)有限公司
热重分析仪(TG-DSC)	HCT-1	北京恒久科学仪器厂
场发射扫描电子显微镜(SEM)	Merlin Compact	Carl Zeiss NTS GmbH(德国)
能谱仪(EDS)	OXFOFD	牛津仪器有限公司
接触角测定仪	JC2000D1	上海中晨数字技术设备有限公司
油浴锅	W201C	金坛市科兴仪器厂
机械搅拌器	JJ-1	金坛市城东新瑞仪器厂
电脑沥青针入度仪	LZRD-3	天津市路达建筑仪器有限公司
智能沥青延度测定仪	LYY-7F	天津市路达建筑仪器有限公司
沥青软化点测定仪	SYD-2806F	北京航天科宇测试仪器有限公司
电热恒温干燥箱	101-00S	绍兴市苏珀仪器有限公司

本试验所用硅橡胶由国网河南省电力科学研究院提供，经退役复合绝缘子外表硅橡胶包覆层粉碎制备，硅橡胶的成分为聚二甲基硅氧烷和 $40\%\sim60\%$ 的 $Al(OH)_3$ 填料，其中聚二甲基硅氧烷为高分子结构，其主链为 Si-O-Si，侧链为 $Si\text{-}CH_3$[9,80]。

2.2　硅橡胶性能研究

2.2.1　表征方法

（1）FTIR 表征

本试验利用 FTIR 衰减全反射技术对硅橡胶粉表面的官能团进行表征，扫描范围为 $4\,000\sim400$ cm^{-1}，样品的处理方法为 KBr 压片法。

（2）TG-DSC 表征

大多数物质在加热、冷却过程中伴随有质量变化，质量变化程度和出现的位置与物质的化学组成及结构紧密关联。本试验的测试氛围为空气，测试温度范围为 $20\sim600$ ℃，升温速率为 10 ℃/min，空气流速为 50 mL/min。

（3）SEM 表征

本试验采用场发射扫描电子显微镜对硅橡胶粉的表面进行表观形貌分析，加速电压为 100 kV。

（4）EDS 表征

EDS 是用来表征材料表面微小区域内所含元素的种类和含量的测试手段。本试验在 SEM 所观测硅橡胶粉表面形貌的基础上，选取若干微小区域，利用 EDS 测定硅橡胶粉表面元素的分布，加速电压为 15 kV。

（5）接触角表征

在硅橡胶、蒸馏水、空气三相交点所作的蒸馏水、空气的切线与硅橡胶、蒸馏水交界线之间的夹角即硅橡胶与蒸馏水的接触角，是评价硅橡胶亲水性的重要指标。本试验通过接触角试验分析硅橡胶表面极性。

2.2.2　表征结果

（1）FTIR 分析

图 2-1 为硅橡胶粉的 FTIR 光谱，经谱带归属发现：$3\,300\sim3\,600$ cm^{-1} 的吸收峰是硅橡胶粉中 $Al(OH)_3$ 的羟基伸缩振动峰；$2\,962.7$ cm^{-1} 对应甲基的伸缩振动吸收峰；$2\,353.2$ cm^{-1} 对应 $C\equiv C$ 伸缩振动吸收峰；$1\,263.4$ cm^{-1} 对应 $Si\text{-}CH_3$ 对称变形振动吸收峰；$1\,024.3$ cm^{-1} 对应 Si-O-Si 伸缩振动吸收峰；800.5 cm^{-1} 对应 Si-C 伸缩振动吸收峰；667.4 cm^{-1} 对应 Al-OH-Al 平动峰；555.6 cm^{-1} 对应 Al-O 振动峰。

（2）TG-DSC 分析

图 2-2 为硅橡胶粉的 TG-DSC 测试结果。温度小于 100 ℃时，虽然存在一个吸热峰，但是不存在明显的质量损失，是一些吸附于硅橡胶颗粒表面的空气分子的脱吸附过程。在 $120\sim190$ ℃ 之间有一个吸热峰，硅橡胶粉总的质量损失率为 0.8%，为硅橡胶加工过程中的小分子助剂挥发过程。$190\sim365$ ℃ 范围内的质量损失，尤其是在 293 ℃ 有一个尖锐的吸热

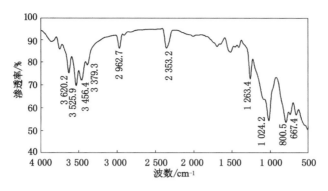

图 2-1 硅橡胶粉 FTIR 光谱

峰,对应 $Al(OH)_3$ 的受热分解为 Al_2O_3 和 H_2O。365～460 ℃ 范围内的质量损失主要为硅氧烷侧链基团—CH_3 氧化释放的热量所致,460～600 ℃ 范围内为硅橡胶主链的裂解。该样品的总的质量损失率为 50%,在 190～365 ℃ 范围内的 $Al(OH)_3$ 分解质量损失率为 15.7%,通过化学反应方程式计算可知 $Al(OH)_3$ 在硅橡胶粉中的质量分数大约为 45%。

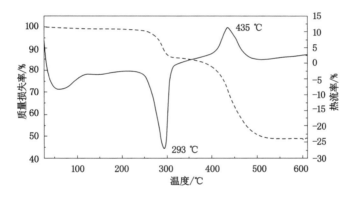

图 2-2 硅橡胶粉 TG-DSC 曲线

（3）SEM 和 EDS 分析

经机械粉碎后的硅橡胶粉颗粒之间不连续,并未发生明显团聚现象。图 2-3 为硅橡胶粉表面形貌 SEM 图像,在放大 5 000 倍 SEM 图像中可以发现硅橡胶粉表面粗糙无孔。图 2-4 为硅橡胶粉的 EDS 图。由图 2-4 可知:绝缘子硅橡胶粉表面主要有 C、O、Al、Si 等元素。其中 O 元素含量最多,约为 56.6%,C、Si 元素主要来源于二甲基硅橡胶,Al 元素主要来源于填料 $Al(OH)_3$。

（4）接触角分析

蒸馏水与硅橡胶表面的接触角测定图像如图 2-5 所示,经数次测定取平均值,发现硅橡胶表面与蒸馏水的接触角约为 95°,说明硅橡胶表面具有憎水性,这是由于硅橡胶的主要成分聚二甲基硅氧烷为非极性材料。

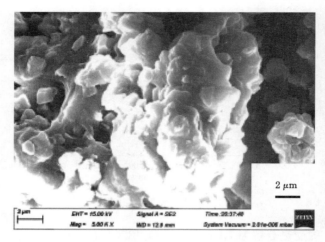

图 2-3　硅橡胶粉形貌 SEM 图像

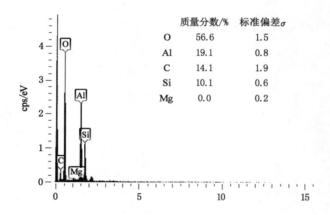

	质量分数/%	标准偏差σ
O	56.6	1.5
Al	19.1	0.8
C	14.1	1.9
Si	10.1	0.6
Mg	0.0	0.2

图 2-4　硅橡胶粉的 EDS 图

图 2-5　蒸馏水与硅橡胶表面的接触角

2.3　制备工艺及性能测定

称取一定质量基质沥青并加热至 140 ℃,将计量的硅橡胶加入基质沥青中搅拌均匀,升温至指定搅拌温度并持续高速搅拌 1 h,搅拌结束后将改性沥青放入 140 ℃烘箱静置 3 h,排除气体使沥青充分改性。制备工艺流程如图 2-6 所示。

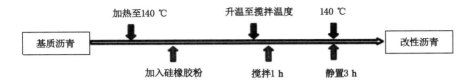

图 2-6　改性沥青制备工艺流程图

根据《公路工程沥青及沥青混合料试验规程》(JTG E20—2011)中规定的试验方法对硅橡胶改性沥青的 5 ℃延度、针入度、软化点进行试验测定。

2.4　正交试验设计

本试验初步确定硅橡胶粉对改性沥青性能的影响,为减小工作量,采用正交试验方法。基质沥青为 70#,评估指标包含软化点与 5 ℃延度,试验选择硅橡胶粉掺量、胶粉目数、搅拌温度为影响因素,各因素均为 3 个水平,正交表为 L9(3⁴)。采用极差分析法和方差分析法确定各因素对改性沥青性能的影响,及硅橡胶粉改性沥青的最优制备条件。因素水平见表 2-3,正交试验见表 2-4。

表 2-3　因素水平表

水平	掺量(A)/%	胶粉目数(B)/目	搅拌温度(C)/℃
1	15	120	160
2	20	150	180
3	25	180	200

注:硅橡胶粉掺量为沥青质量的百分比。

表 2-4　正交试验表

序号	掺量(A)/%	胶粉目数(B)/目	搅拌温度(C)/℃
1	1(15)	1(120)	1(160)
2	1(15)	2(150)	2(180)
3	1(15)	3(180)	3(200)
4	2(20)	1(120)	2(180)
5	2(20)	2(150)	3(200)
6	2(20)	3(180)	1(160)

表 2-4(续)

序号	掺量(A)/%	胶粉目数(B)/目	搅拌温度(C)/℃
7	3(25)	1(120)	3(200)
8	3(25)	2(150)	1(160)
9	3(25)	3(180)	2(180)

2.5 正交试验结果及分析

70[#]改性沥青的 5 ℃延度、针入度、软化点的试验结果见表 2-5。

表 2-5 70[#]改性沥青试验结果

序号	掺量(A)/%	胶粉目数(B)/目	搅拌温度(C)/℃	5 ℃延度/mm	针入度/0.1 mm	软化点/℃
1	1(15)	1(120)	1(160)	20	60.8	52.8
2	1(15)	2(150)	2(180)	15	54	59.2
3	1(15)	3(180)	3(200)	20	47.3	56.4
4	2(20)	1(120)	2(180)	22	54.5	57.43
5	2(20)	2(150)	3(200)	36	54.5	55.8
6	2(20)	3(180)	1(160)	29.5	53	59
7	3(25)	1(120)	3(200)	19	52.1	55.4
8	3(25)	2(150)	1(160)	40	58.7	53.7
9	3(25)	3(180)	2(180)	42	54.4	61.1

2.5.1 软化点极差分析和方差分析

对 70[#]硅橡胶改性沥青软化点进行极差分析和方差分析,结果见表 2-6 和表 2-7。

表 2-6 70[#]硅橡胶改性沥青软化点极差分析

考核指标	掺量(A)/%	胶粉目数(B)/目	搅拌温度(C)/℃
$\overline{K_1}$	56.13	55.21	55.17
$\overline{K_2}$	57.41	56.23	59.24
$\overline{K_3}$	56.73	58.83	55.87
R	1.28	3.62	4.07
主次顺序		C、B、A	

表 2-7　70$^{\#}$改性沥青软化点方差分析

方差来源	平方和	自由度	均方	F 值	显著性	F 临界值
因素 A	2.45	2	1.225	0.3358		$F_{0.01}(2,2)=99.00$
因素 B	20.95	2	10.475	2.8027		$F_{0.05}(2,2)=19.00$
因素 C	27.33	2	13.665	3.6562	（＊）	$F_{0.1}(2,2)=9.00$
误差	7.475	2	3.7375			$F_{0.25}(2,2)=3.00$
总和	58.205	8				

注:1. 当 $F > F_{0.01}$ 时,认为因素的影响为高度显著,标记为"＊＊"。

2. 当 $F_{0.01} > F > F_{0.05}$ 时,认为因素的影响显著,标记为"＊";

3. 当 $F_{0.05} > F > F_{0.1}$ 时,认为因素有一定影响,标记为"（＊＊）";

4. 当 $F_{0.1} > F > F_{0.25}$ 时,认为因素有影响但影响较小,标记为"（＊）";

5. 当 $F < F_{0.25}$ 时,认为因素的影响不显著,标记为""。

对 70$^{\#}$改性沥青软化点进行极差分析,根据表 2-6 数据绘制沥青软化点随各因素水平变化的趋势图,如图 2-7 所示。

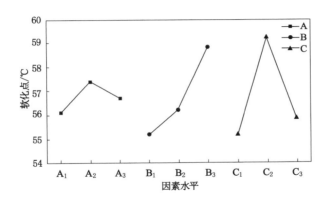

图 2-7　70$^{\#}$改性沥青软化点随各因素水平变化的趋势图

对表 2-5 和表 2-6 所示试验结果进行分析,结论如下:

(1) 由表 2-5 可以看出:第 9 号试件软化点最大,为 61.1 ℃,试验条件为 $A_3B_3C_2$。

(2) 当硅橡胶粉掺量从水平 A_1(15％)增加到水平 A_2(20％)再增加到水平 A_3(25％),70$^{\#}$改性沥青软化点先增大 2.28％后减小 1.18％,所以选择水平 A_2(20％)。

(3) 硅橡胶粉粒径从水平 B_1(120 目)到水平 B_3(180 目),改性沥青软化点增大了 6.66％,所以以选择水平 B_3(180 目)为宜。

(4) 随着搅拌温度从水平 C_1(160 ℃)到水平 C_2(180 ℃)再到水平 C_3(200 ℃),改性沥青软化点先增大了 7.38％,后减小了 5.69％,搅拌温度对 70$^{\#}$改性沥青软化点的影响较大,所以以选择水平 C_2(180 ℃)为宜。

(5) 通过对软化点极差和均值分析可知因素主次顺序为 C、B、A,各因素优化的水平为 $A_2B_3C_2$。

表 2-7 表明:搅拌温度对 70$^{\#}$改性沥青软化点有影响但是影响较小,硅橡胶粉掺量影响

不显著,主次顺序为 C、B、A。

2.5.2 5 ℃延度极差和方差分析

对 70# 硅橡胶改性沥青 5 ℃延度进行极差分析和方差分析,结果见表 2-8、表 2-9。

表 2-8 70# 改性沥青 5 ℃延度极差分析

考核指标	掺量(A)/%	胶粉目数(B)/目	胶粉搅拌温度(C)/℃
$\overline{K}_1$	18.33	20.33	29.83
$\overline{K}_2$	29.17	30.33	26.33
$\overline{K}_3$	33.67	30.5	25
R	15.34	10.17	4.83
主次顺序	C、B、A		

表 2-9 70# 改性沥青 5 ℃延度方差分析

方差来源	平方和	自由度	均方	F 值	显著性	F 临界值
因素 A	372.72	2	186.36	1.88		$F_{0.01}(2,2)=99.00$
因素 B	203.44	2	101.72	1.024		$F_{0.05}(2,4)=19.00$
因素 C	37.39	2	18.695	0.188		$F_{0.1}(2,4)=9.00$
误差	198.67	2	99.335			$F_{0.25}(2,4)=3.00$
总和	812.22	8				

对 70# 改性沥青 5 ℃延度进行极差分析,根据表 2-8 中数据绘制各因素水平变化的趋势图,如图 2-8 所示。

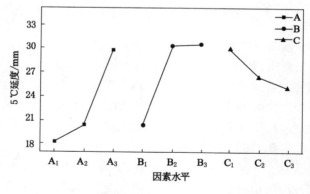

图 2-8 70# 改性沥青 5 ℃延度的变化趋势图

由表 2-5 和表 2-8 试验结果分析如下:

(1) 由表 2-5 可以看出:第 9 号试件 5 ℃延度最大,为 42 mm,试验条件为 $A_3B_3C_2$。

（2）当硅橡胶粉掺量从水平 A_1（15％）提高到水平 A_3（25％），$70^{\#}$ 改性沥青 5 ℃延度增大了 83.7％，即硅橡胶粉掺量的变化对 $70^{\#}$ 改性沥青 5 ℃延度有影响，选择水平 A_3（25％）。

（3）硅橡胶粉粒径从水平 B_1（120 目）提高到水平 B_3（180 目），改性沥青 5 ℃延度增大了 50％，所以以选择水平 B_3（180 目）为宜。

（4）随着搅拌温度从水平 C_1（160 ℃）提高到水平 C_3（200 ℃），改性沥青 5 ℃延度减小了 16.2％，所以以选择水平 C_1（160 ℃）为宜。

（5）通过对 5 ℃延度极差和均值分析可知因素主次顺序为 A、B、C，各因素优化的水平为 $A_3B_3C_1$。

表 2-9 表明硅橡胶粉掺量、胶粉目数及搅拌温度对 $70^{\#}$ 改性沥青 5 ℃延度影响不显著，主次顺序为 A、B、C。

2.5.3　最佳试验条件确定

采用综合平衡法对正交试验结果进行评价，即对每一项综合权衡并参照成本分析，在使各项指标尽可能满足要求的前提下得出最佳试验方案，最佳配合比比对见表 2-10。

表 2-10　最佳配合比比对

指标	因素主次顺序	直观分析最优组	极差分析最优组
5 ℃延度	A、B、C	$A_3B_3C_2$	$A_3B_3C_1$
软化点	C、B、A	$A_3B_3C_2$	$A_2B_3C_2$

试验结果分析如下：

（1）因素 A（硅橡胶粉掺量）：选择硅橡胶粉掺量为 A_3（25％）时 $70^{\#}$ 改性沥青 5 ℃延度具有最大值，但是与硅橡胶粉掺量为 A_2（20％）时相差不大，硅橡胶粉掺量为 A_2（20％）时软化点达到最大值，权衡性能与经济效益之后选择水平 A_2（20％）。

（2）因素 B（硅橡胶粉粒径）：选择硅橡胶粉粒径为 B_3（180 目）时 $70^{\#}$ 改性沥青 5 ℃延度与软化点均达到最大值，所以最佳硅橡胶粉粒径为 B_3（180 目）。

（3）因素 C（搅拌温度）：直观分析最优组和极差分析最优组 4 个数据中有 3 个的最佳均显示最佳搅拌温度为 C_2（180 ℃）。C_2（180 ℃）下 $70^{\#}$ 改性沥青 5 ℃延度与软化点均具有最大值，所以选择水平 C_2（180 ℃）。

故根据上述内容可得改性沥青最佳试验条件为 $A_2B_3C_2$。

2.6　性能分析

除了受硅橡胶粉自身的化学特性影响外，硅橡胶粉掺量、粒径、搅拌温度对改性沥青的性能也具有较大影响。为了进一步探究此三项因素对改性沥青性能的影响趋势及改性机理，根据正交试验结果，拟定硅橡胶掺量为 10％、15％、20％、25％；硅橡胶粒径为 120 目、150 目、180 目，搅拌温度为 160 ℃、180 ℃、200 ℃。分别对改性沥青的 5 ℃延度、针入度、软化点进行测试，研究硅橡胶粉对改性沥青性能的影响。

2.6.1 硅橡胶粉掺量对性能的影响

硅橡胶粉掺量对改性沥青性能影响较大,试验时为了确定最优掺量,选取范围为沥青质量的 10%～25%,粒径为 180 目,搅拌温度为 180 ℃。

改性沥青 5 ℃延度随硅橡胶粉掺量变化趋势如图 2-9 所示,延度先增大后减小。掺量为 20%时 70# 改性沥青 5 ℃延度由 11 mm 增大到 44 mm;90# 改性沥青 5 ℃延度由 5 mm 增大到 56 mm,作用显著。处于高弹态的胶粉以混合状态均匀分散到沥青基体中,即使低温情况下也能提高改性沥青的弹性和塑性,使改性沥青低温延度增大;当掺量超过 20%时,硅橡胶粉的分散性变差,改性效果减弱,且部分硅橡胶粉在沥青中团聚,造成应力集中,容易脆性断裂,导致 5 ℃延度减小[82]。

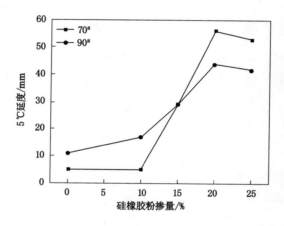

图 2-9 硅橡胶粉掺量对改性沥青 5 ℃延度的影响

图 2-10 为硅橡胶粉掺量对改性沥青针入度的影响,虽然超过 10%时针入度变化不明显,但是与基质沥青相比,70# 改性沥青针入度由 64.7(0.1 mm)减小到 55(0.1 mm),减小了 14.99%;90# 改性沥青针入度由 95(0.1 mm)减小到 63(0.1 mm),减小了 33.68%。在硅橡胶粉与沥青混合过程中,颗粒小的硅橡胶粉掺量较少时被沥青均匀包裹,被弹性体填充的改性沥青更密实,从而针入度减小。

图 2-11 为改性沥青软化点随硅橡胶粉掺量变化曲线。随着硅橡胶粉掺量增加,沥青软化点先上升后下降,当掺量为 20%时,70# 改性沥青软化点由基质沥青的 53.2 ℃上升至 61 ℃,增长 14.66%,90# 改性沥青软化点由基质沥青的 51.4 ℃上升至 58 ℃,增长 12.84%。随着硅橡胶粉掺量增加,与沥青的结合率增大,形成均匀结构,由于硅橡胶粉在试验测定温度范围内状态稳定,所以改性沥青软化温度也较基质沥青有所升高。而当硅橡胶粉掺量达到 20%之后,与沥青的黏结达到了饱和状态,继续增加会使改性沥青黏度降低,改性沥青软化点不再上升,甚至会下降。

2.6.2 硅橡胶粉粒径对性能的影响

试验采用 120～180 目硅橡胶粉对沥青进行改性试验,掺量为 20%,搅拌温度为 180 ℃。

图 2-12 为硅橡胶粉粒径对改性沥青 5 ℃延度的影响,70# 和 90# 两种改性沥青 5 ℃延

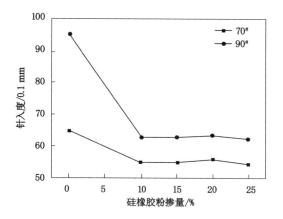

图 2-10 硅橡胶粉掺量对改性沥青针入度的影响

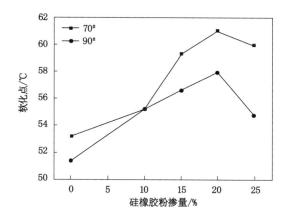

图 2-11 硅橡胶粉掺量对改性沥青软化点的影响

度均随硅橡胶粉粒径减小而增大。这是因为硅橡胶粉越细越容易被沥青包覆,与沥青紧密结合在一起,增大了硅橡胶粉相与沥青相之间的结合力,使改性沥青不易发生脆性断裂。

图 2-13、图 2-14 分别表示硅橡胶粉粒径对改性沥青针入度和软化点的影响。基质沥青为 70# 时 3 种粒径硅橡胶粉对改性沥青针入度影响不大,但是 150 目和 180 目时软化点上升明显。基质沥青为 90# 时,3 种粒径的硅橡胶粉对改性沥青针入度、软化点的影响规律不明显,因此最佳粒径并不能通过针入度和软化点来反映。

2.6.3 搅拌温度对性能的影响

本试验的搅拌温度变化范围为 160～200 ℃,硅橡胶粉粒径为 180 目,掺量为 20%。

图 2-15 为搅拌温度对硅橡胶沥青 5 ℃ 延度的影响,随着搅拌温度的升高,5 ℃ 延度先增大后减小,当搅拌温度为 180 ℃ 时达到最大值。温度过低时,由于沥青的黏性作用,而使胶粉在沥青中分布不均匀,部分硅橡胶粉在沥青中形成硅橡胶粉小团,造成应力集中,低温下容易断裂;温度过高时,虽然降低了沥青的黏度,但是使沥青氧化降解,从而降低基质沥青的性能,使沥青的延度减小。

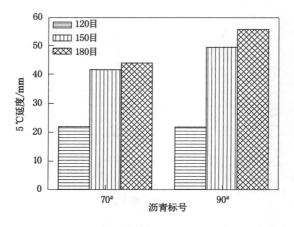

图 2-12　硅橡胶粉粒径对改性沥青 5 ℃延度的影响

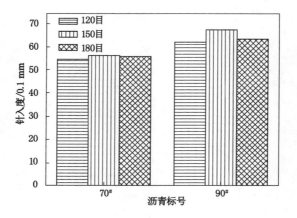

图 2-13　硅橡胶粉粒径对改性沥青针入度的影响

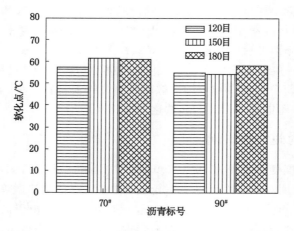

图 2-14　硅橡胶粉粒径对改性沥青软化点的影响

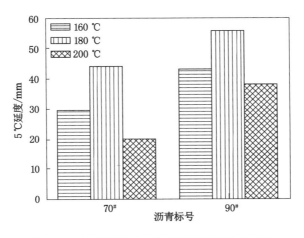

图 2-15　搅拌温度对改性沥青 5 ℃延度的影响

　　图 2-16 为不同搅拌温度时硅橡胶沥青的针入度。基质沥青为 70# 时,针入度随着搅拌温度的升高先增大后减小,180 ℃时达到最大值;基质沥青为 90# 时,针入度随着搅拌温度的升高而降低。当搅拌温度升高到 200 ℃时,70# 沥青针入度为 39(0.1 mm),较基质沥青[64.7(0.1 mm)]下降 40%,90# 沥青针入度为 47.3(0.1 mm),较基质沥青[95(0.1 mm)]下降 50.2%,这是由于沥青严重老化,破坏了改性沥青的结构,从而不利于沥青改性。

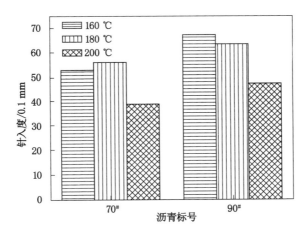

图 2-16　搅拌温度对改性沥青针入度的影响

　　图 2-17 为搅拌温度对软化点的影响,软化点随温度的升高先升高后降低。沥青既可以看作胶体结构,也可以看作由高分子组成的混合物,软化点受相对分子质量的影响较大。当搅拌温度低时,沥青由于分子链运动程度小而表现为黏性大,不利于沥青与硅橡胶粉均匀混合,软化点较低。当温度高时,沥青与硅橡胶粉能够很好地胶结为一体,软化点升高。当温度继续升高时,沥青黏性减弱,易流动变形导致软化点下降[83-84]。

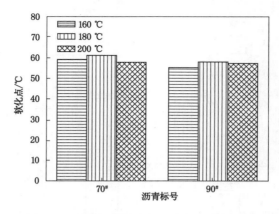

图 2-17 搅拌温度对改性沥青软化点的影响

2.7 性能对比与机理分析

关于硅橡胶改性沥青的研究国内外至今仍未见报导,本试验参考《公路改性沥青路面施工技术规范》(JTJ 036—1998)[85]对研究成果进行简单对比分析,规范中部分聚合物改性沥青技术要求见表 2-11。

表 2-11 聚合物改性沥青技术要求

类型	25 ℃针入度(0.1 mm)	5 ℃延度/mm	软化点/℃
SBS 改性沥青 I~D 级	30~60	>20	>60
SBR 改性沥青 II~C 级	60~80	>40	>50

由表 2-11 可以看出:基质沥青为 70# 时,硅橡胶粉改性沥青各项指标均符合 SBS 改性沥青 I~D 级技术要求;基质沥青为 90# 时,硅橡胶粉改性沥青各项指标均符合 SBR 改性沥青 II~C 级技术要求。

硅橡胶为弹性体,可随拉力的增大而伸缩变形,但不能像轮胎橡胶粉一样在改性沥青中发生溶胀,所以硅橡胶粉加入沥青后只能充当弹性体,使改性沥青的弹性和塑性均有所增强。硅橡胶粉越细越容易被沥青包覆,硅橡胶粉相与沥青相之间的结合力越大;但细小硅橡胶粉掺量过大时,会有部分团聚,造成应力集中,沥青黏度降低。图 2-18 为硅橡胶改性沥青 5 ℃延度试验拉伸示意图。

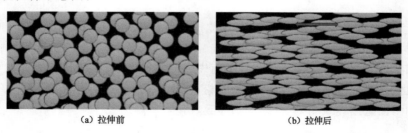

(a) 拉伸前   (b) 拉伸后

图 2-18 硅橡胶改性沥青 5 ℃延度试验拉伸示意图

2.8　本章小结

（1）在 180 目硅橡胶粉、20％掺量、180 ℃搅拌温度下，改性沥青的高低温性能最佳，具有适宜改性效果。此时，70#改性沥青的 5 ℃延度增加了 33 mm，90#改性沥青的 5 ℃延度增加了 51 mm，从而提高了改性沥青的低温性能；70#改性沥青软化点增长 14.66％，90#改性沥青软化点增长 12.84％，从而提高了改性沥青的高温性能。

（2）硅橡胶粉掺量超过 20％时团聚，造成应力集中，容易发生脆性断裂。

（3）最佳搅拌温度为 180 ℃，继续升高会造成沥青严重老化，破坏了改性沥青的结构，从而不利于沥青改性。

3 硅橡胶粉改性沥青混合料的制备及性能研究

本试验为退役绝缘子硅橡胶对沥青混合料的影响研究,为探索性试验,更加注重硅橡胶粉改性沥青混合料的可行性分析,故在第 2 章基础上仅研究了一组最佳油石比条件下的改性沥青混合料的高温性能、低温性能和水稳定性。

3.1 试验材料和设备

3.1.1 试验材料

(1)硅橡胶粉改性沥青

采用江阴泰富沥青有限公司 70# 基质沥青。根据第 2 章试验结果,采用最优改性条件制备硅橡胶粉改性沥青。

(2)粗集料

硅橡胶粉改性沥青混合料路用性能的优劣与粗集料密切相关。本试验粗集料来源于焦作市建新砼业有限责任公司,其各粒径范围表观相对密度见表 3-1。

表 3-1 粗集料表观相对密度

粒径/mm	13.2～16	9.5～13.2	4.75～9.5	2.36～4.75
表观相对密度/(g/cm³)	2.775	2.768	2.759	2.727

(3)细集料

混合料中细集料使用量大,对混合料的路用性能也有较大的影响。选择河沙作为细集料,细度模数为 2.69,密度为 2.57 g/cm³,含泥量为 2%。根照《公路工程集料试验规程》(JTG E42—2005)[85]对细集料进行筛分,本试验中所用各级细集料均为实验室筛分后所得。

(4)填料

本试验选用矿粉作为沥青混合料填料,沥青在吸附矿粉后才能形成对其他集料的黏附薄膜,因而矿粉在沥青混合料中的作用不言而喻。近些年来,国内外学者对填料(<0.075 mm)与沥青的质量比值(粉胶比)有较多研究,普遍认为粉胶比与沥青混合料的关系密切,粉胶比改变,沥青胶浆的黏附性及黏弹性随之变化,进而影响沥青混凝土的低温性能、高温性能、水稳定性和耐久性。粉胶比过小,沥青混合料的力学强度不足;粉胶比过大,沥青混合料的强度、耐久性和水稳定性将大幅度降低,不过抗车辙性在一定范围内随粉胶比的增大而增大。本书选用的是由石灰岩磨制而成的矿粉,性能比较优异。

3.1.2 试验设备

本章节中所用试验设备见表 3-2。

表 3-2 试验设备

设备	型号	生产厂家
沥青混合料搅拌机	BH-20	天津市中交路业工程仪器有限公司
马歇尔电动击实仪	MDJ-2	天津市中交路业工程仪器有限公司
电动脱模器	HT-DTM-1	北京航天科宇测试仪器有限公司
马歇尔稳定度测定仪	LWD-3	沧州中北建工仪器设备有限公司
低温恒温水槽	XODC-1020	南京先欧仪器制造有限公司
冰箱	BCD-160TMPQ	青岛海尔集团公司
石材切割机	Z1E-FF05-110	江苏东成电动工具有限公司
自动车辙试验仪	HYCZ-1	天津市中交路业工程仪器有限公司
液压车辙试样成型机	HYCX-1	天津市中交路业工程仪器有限公司
电子万能试验机	WDW-20	济南恒瑞金试验机有限公司

3.2 配合比设计

3.2.1 级配确定

密级配能更好地发挥硅橡胶改性沥青混合料的性能,因此本试验采用《公路沥青路面施工技术规范》(JTG F40—2004)[87]中 AC-13 密级配作为目标级配。为更好地对硅橡胶粉改性沥青进行探索,本试验采用自合成集料级配方式。集料实验室筛分合成级配通过百分率见表 3-3,合成级配曲线如图 3-1 所示。

表 3-3 集料实验室筛分合成级配通过百分率

筛孔尺寸/mm	16	13.2	9.5	4.75	2.36	1.18	0.6	0.3	0.15	0.075
标准通过率/%	100	90~100	68~85	38~68	24~50	15~38	10~28	7~20	5~15	4~8
实际通过率/%	100	91.16	82.84	53.82	35.62	28.63	21.31	14.01	9.42	7.23

3.2.2 拌和方式

采用第 2 章硅橡胶粉改性沥青的制备方式和最佳制备条件来制备改性沥青并加热至拌和温度待用,集料烘干后称重,并于拌和前在 180 ℃烘箱中加热 4 h,拌和温度为 180 ℃;拌和流程为先将改性沥青和集料搅拌 1.5 min,然后加入单独烘热的矿粉再搅拌 1.5 min。

3.2.3 马歇尔试件成型

马歇尔试件成型温度为 160 ℃,采用双面击实方法(双面各击实 75 次),试件直径 $d=$

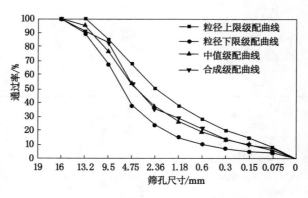

图 3-1　集料合成级配曲线

(101.6 ± 0.2) mm、高度 $h=(63.5\pm1.3)$ mm，不符合要求的试件作废，并重新调整。击实后的试件在室温环境中放置 24 h 后脱模待用。

3.2.4　最佳油石比确定

　　混合料的最佳油石比根据马歇尔试件的体积设计法确定。根据前人的设计结论，初始油石比采用 4%～6%，按 ±0.5% 分级，共 5 种油石比，每种油石比制作 4 个试件。测试指标包括试件相对密度、稳定度（MS）、流值（FL）、空隙率（VV）、矿料间隙率（VMA）、沥青饱和度（VFA）六项。根据《公路沥青路面施工技术规范》（JTG F40—2004）中[87] 马歇尔试验设计技术要求（表 3-4），采用表干法检测马歇尔试件的毛体积密度，通过计算求得混合料的最大理论密度。硅橡胶粉改性沥青混合料马歇尔试验结果见表 3-5，马歇尔试验各指标试验结果与油石比的关系曲线如图 3-2 所示。

表 3-4　马歇尔试验技术标准

试验项目	基质沥青	橡胶沥青
击实次数/次	75	75
空隙率（VV）/%	3～5	3～5
稳定度（MS）/kN	≥8	≥7
流值（FL）/mm	2～4	—
矿料间隙率（VMA）/%	≥14	≥13
沥青饱和度（VFA）/%	65～75	70～85

表 3-5　硅橡胶粉改性沥青混合料马歇尔试验结果

油石比/%	试件密度/(g/cm³)		稳定度（MS）/kN	流值（FL）/mm	空隙率（VV）/%	矿料间隙率（VMA）/%	沥青饱和度（VFA）/%
	实际值	理论值					
4	2.371	2.496	10.69	1.47	5.025	14.53	65.42
4.5	2.417	2.508	11.97	2.09	3.645	13.29	72.57
5	2.432	2.520	15.44	3.01	3.509	13.17	73.35

表 3-5（续）

油石比/%	试件密度/(g/cm³)		稳定度 (MS)/kN	流值 (FL)/mm	空隙率 (VV)/%	矿料间隙率 (VMA)/%	沥青饱和度 (VFA)/%
	实际值	理论值					
5.5	2.462	2.532	13.31	2.91	2.782	12.51	77.77
6	2.498	2.544	12.42	2.89	1.825	11.65	84.34
技术要求	—	—	≥7	2~4	3~5	≥13	70~85

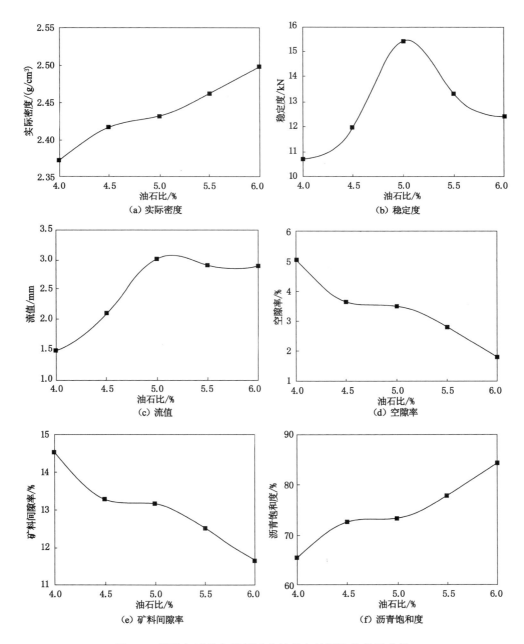

图 3-2 马歇尔试验各指标试验结果与油石比的关系曲线

由马歇尔试验结果可知：仅有油石比为 4.5％和 5％两组符合改性沥青的技术要求，但是综合比较这两组试验结果不难发现，油石比为 5％的混合料的马歇尔试验稳定度（15.44 kN）比 4.5％的稳定度（11.97 kN）高约 29％，因此最终油石比选择为 5％。硅橡胶粉的加入增大了改性沥青混合料的黏度，提高了混合料之间的胶结作用，形成了高强度的空间网状镶嵌结构，从而改变了改性沥青混合料的性能[88]。

3.3　高温稳定性

高温条件下沥青混合料抵抗反复施加压力而产生变形的能力即沥青混合料的高温稳定性，也是评价其性能优劣的主要指标之一。路面只有具有稳定的抵抗高温性能，才能在恶劣的环境中安全、长期使用。国内外主要通过单轴加载试验、三轴压缩试验、弯曲蠕变试验、车辙试验、野外现场试验等对沥青混合料高温性能进行测定。本试验选用其中一种方法——车辙试验来评价硅橡胶粉改性沥青混合料的高温稳定性。

3.3.1　车辙试验

车辙试验试件与马歇尔试验的试件不同，尺寸为 300 mm×300 mm×50 mm，成型方法也不同，为轮碾成型法，压实后常温静置 48 h 待用。进行测试前将试件连同模具一起置于 60 ℃试验环境中保温 5 h；试验过程中保持温度 60 ℃不变，轮压为 0.7 MPa。

车辙试验的动稳定度按照式（3-1）计算。

$$DS = \frac{t_2 - t_1}{d_2 - d_1} \cdot N \cdot c_1 \cdot c_2 \tag{3-1}$$

式中　DS——沥青混合料的动稳定度，次/min；

t_1, t_2——试验时间，分别为 60 min 和 45 min；

d_1, d_2——分别对应于试验时间 t_2 和 t_1 时试件的变形量，mm；

c_1, c_2——试验机类型系数和试件系数，均为 1.0；

N——试验轮往返碾压速度，取 45 次/min。

3.3.2　动稳定度分析

车辙试验结果见表 3-6。

表 3-6　硅橡胶粉改性沥青混合料车辙试验结果

试验编号	动稳定度 DS/(次/mm)	DS 平均值/(次/mm)	规范要求值[86]/(次/min)
1	2 934		
2	3 068	3 019	≥2 800
3	3 056		
4	3 019		

动稳定度是反映沥青混合料抵抗高温永久变形能力的一个指标，动稳定度越高，混合料的抗车辙性能越好，高温稳定性就越高[89]。由试验数据可知：硅橡胶粉改性沥青混合料的

平均动稳定度为 3 019 次/mm,高于技术要求的 2 800 次/mm,因而具有较好的高温稳定性。在基质沥青中加入硅橡胶粉获得的改性沥青不仅保留了沥青的良好性能,还具备硅橡胶所具有的高温弹性和变形恢复力强特点[90]。

3.4 低温抗裂性

沥青混合料在低温下易发生开裂现象,造成开裂的原因有两种:① 外部原因造成的温度疲劳裂缝和横向裂缝;② 寒冷冬季温度急剧下降造成的横向收缩裂缝。沥青混合料路面产生裂缝后还会导致水渗入表层,引发水损坏路面而剥落,因此低温抗裂性也是评价沥青混合料最重要的路用性能指标之一。国内外用于评价沥青混合料路面低温抗裂性能的试验方法有很多种,本书选用小梁弯曲试验来研究该性能[90]。

3.4.1 小梁弯曲试验

本试验所用试件为长 250 mm、宽 30 mm、高 35 mm 的棱柱体小梁,通过将轮碾成型的 300 mm×300 mm×50 mm 试件切割所得。试验前将试件置于−10 ℃冰箱中冷冻 1 h,试件内部温度达到(−10±0.5) ℃。跨径 200 mm,加载速率为 50 mm/min。

按式(3-2)计算抗弯拉强度 R_B,按式(3-3)计算梁底破坏时的弯拉应变,按式(3-4)计算破坏时的弯曲劲度模量,结果见表 3-7。

$$R_B = \frac{3LP_B}{2bh^2} \tag{3-2}$$

$$\varepsilon_B = \frac{6hd}{L^2} \tag{3-3}$$

$$S_B = \frac{R_B}{\varepsilon_B} \tag{3-4}$$

式中　R_B——试件破坏时的抗弯拉强度,MPa;

　　　L——跨径,mm;

　　　P_B——试件破坏时所施加的最大荷载,N;

　　　b——跨中断面试件的宽度,mm;

　　　h——跨中断面试件的高度,mm;

　　　d——试件破坏时的跨中挠度,mm。

　　　ε_B——试件破坏时的最大弯拉应变,$\mu\varepsilon$;

　　　S_B——试件破坏时的弯曲劲度模量,MPa。

3.4.2 劲度模量和破坏应变分析

小梁弯曲试验结果见表 3-7。

表 3-7　硅橡胶粉改性沥青小梁弯曲试验结果

试验温度/℃	抗弯拉强度 R_B/MPa	弯曲劲度模量 S_B/MPa	破坏弯拉应变 ε_B/$\mu\varepsilon$	规范要求值[87]/$\mu\varepsilon$
−10	3.104	1 207.8	2 570	≥2 500

沥青混合料的低温抗裂性能可以由低温弯曲劲度模量表征,弯曲劲度模量小表示混合料的低温抗裂性能好。由试验数据可知:硅橡胶粉改性沥青混合料具有高于要求的破坏应变,且弯曲劲度模量较小,因此具有较好的低温抗裂性能。硅橡胶粉的加入增大了改性沥青混合料的黏度和低温延度,提高了其低温变形能力,降低了对温度的敏感性和脆化温度及低温弯曲劲度模量[91]。

3.5 水稳定性

沥青路面早期所受到的最为普遍的危害为水损害。一方面,水流到混合料中沥青与石料的分界面处,导致石料与沥青的黏附性降低,从而使得沥青与石料剥离,沥青路面破坏。另一方面,沥青路面吸水后,沥青溶胀,进而产生剥落现象。混合料类型、孔隙率、含水率、含泥量、沥青的黏度、级配、集料的形貌和酸碱性,甚至气候条件、施工条件、路面排水设施等都会对混合料路面水损害产生影响。沥青混合料的水稳定性是反映路面抗水损害的能力,是道路路面结构设计中基本的参考依据,沥青混合料有良好的水稳定性,才能保证沥青路面的正常服役。本书采用冻融劈裂试验来评价硅橡胶粉改性沥青混合料的水稳定性。

3.5.1 冻融劈裂试验

冻融劈裂试验所用试件与马歇尔试验所用圆柱体试件一样,同样采用击实成型法,共需制备2组,每组4个,第一组为干燥条件下的对照试件,常温保存于塑料袋中备用,并于试验前取出,在25 ℃温水中水浴2 h。另一组为试验组,在−15 ℃冰箱中冷冻16 h,之后取出在60 ℃水中放置24 h,最后在25 ℃水中水浴2 h。2组试件同时进行劈裂试验,测定每个试件的劈裂抗拉强度,试验压条宽度为12.7 mm,加载速率为50 mm/min。

按式(3-5)分别计算第1组和第2组试件的劈裂抗拉强度。

$$R_T = \frac{0.006\ 287 P_T}{h} \tag{3-5}$$

式中　R_T——试件的劈裂抗拉强度,MPa;

　　　P_T——试验荷载的最大值,N;

　　　h——试件的高度,mm。

冻融劈裂残留强度比按式(3-6)计算。

$$\text{TSR} = \frac{R_{T_2}}{R_{T_1}} \times 100\% \tag{3-6}$$

式中　TSR——冻融劈裂残留强度比;

　　　R_{T_1}——经受冻融循环的试验组试件的劈裂抗拉强度,MPa;

　　　R_{T_2}——未进行冻融循环的对照组试件的劈裂抗拉强度,MPa。

3.5.2 劈裂强度比分析

劈裂试验结果见表3-8。

表 3-8　硅橡胶粉改性沥青劈裂试验结果

类型	劈裂强度/MPa		劈裂抗拉强度比 TSR /%	规范要求值[86]/%
	非条件 R_{T2}	条件 R_{T1}		
SAR-AC-13	0.673	0.61	91	≥80

由表 3-8 可知:硅橡胶粉沥青混合料的冻融劈裂抗拉强度比为 91%,较改性沥青要求的 80% 有较大提升,说明硅橡胶粉改性沥青混合料的水稳定性较好。

3.5.3　浸水马歇尔试验

根据规范要求,每种混合料均制备 8 个马歇尔试件,其制作成型方法与标准马歇尔试件击实成型方法相同。平均分成 2 组:一组试件在 60 ℃ 热水中恒温 0.5 h 后测定其稳定度;另一组在 60 ℃ 水中恒温 48 h 后测定其稳定度。用二者的比值来评价混合料的水稳定性,该比值即浸水残留稳定度,值越大,沥青混合料的水稳定性越好[92]。

试件浸水残留稳定度按式(3-7)进行计算。

$$MS_0 = \frac{MS_1}{MS} \times 100\% \qquad (3-7)$$

式中　MS_0——试件浸水残留稳定度;

MS_1——试件浸水 48 h 后的残留稳定度,kN;

MS——试件的稳定度,kN。

硅橡胶粉改性沥青混合料浸水马歇尔试验结果见表 3-9。

由表 3-9 可知:硅橡胶粉改性沥青混合料浸水残留稳定度为 85.6%,满足规定要求(85%),说明硅橡胶粉改性沥青混合料水稳定性达标。

表 3-9　硅橡胶粉改性沥青混合料浸水马歇尔试验结果

类型	稳定度/kN		残留稳定度 MS_0/%	规范要求 MS_0[86]/%
	未浸水	浸水 48 h		
SAR-AC-13	15.44	13.22	85.6	≥85

3.6　本章小结

由于关于硅橡胶粉改性沥青混合料的研究未见报道,为证实本试验的可行性,便于以后在实际工程中应用,故将本章节所用试件送往河南省公路工程检测中心有限公司检测,各项指标均符合规范要求。

结合第 2 章试验结果,本章对硅橡胶粉改性沥青混合料路用性能进行研究,首先进行马歇尔试验确定其最佳油石比,在此基础上进行车辙试验、小梁弯曲试验、冻融劈裂试验和浸水马歇尔试验来研究其高温稳定性、低温抗裂性和水稳定性,发现硅橡胶粉改性沥青混合料具有良好的路用性能。

(1)通过马歇尔试验确定硅橡胶粉改性沥青混合料最佳油石比为 5%,在此基础上进行其他路用性能测定。

（2）通过车辙试验对混合料动稳定度的初步研究发现：硅橡胶粉的加入使得改性沥青混合料具有很好的高温弹性与较高的动稳定度，高温稳定性能较好。

（3）通过小梁弯曲试验发现硅橡胶粉改性沥青混合料在低温时具有较好的延展性，具有较低的劲度模量和高于技术要求的破坏应变，低温抗裂性能良好。

（4）通过冻融劈裂试验和浸水马歇尔试验发现硅橡胶粉改性沥青具有较高的劈裂强度比和残留稳定度，因而其水稳定性能优异。

4 硅橡胶砂浆的制备及其性能研究

4.1 试验原料及设备

4.1.1 试验原料

（1）水泥

本试验所使用水泥由河南省焦作市坚固水泥有限公司提供，为标号 42.5 普通硅酸盐水泥。其物理性能指标与化学成分分别见表 4-1、表 4-2。

表 4-1 标号 42.5 普通硅酸盐水泥物理性能指标

密度/(kg/m³)	标准稠度/%	初凝时间/min	终凝时间/min	抗折强度/MPa		抗压强度/MPa	
				7 d	28 d	7 d	28 d
3 100	28.35	235	305	5.8	7.3	30.2	46.68

表 4-2 标号 42.5 普通硅酸盐水泥化学成分

化学成分	SiO_2	Al_2O_3	CaO	MgO	其他
含量/%	28.93	9.87	52.44	1.08	7.68

（2）细集料

细集料的选择与第 3 章砂子相同，密度为 2.57 g/cm³，含泥量为 2%，筛分试验测定结果见表 4-3。

表 4-3 细集料筛分试验测定结果

筛孔尺寸/mm	筛余质量/g	分级筛余 a_i/%	累计筛余 A_i/%
4.75	83.25	8.325	8.325
2.36	150.49	15.049	23.374
1.18	87.48	8.748	32.122
0.6	310.06	31.006	63.128
0.3	198.53	19.853	82.981
0.15	114.50	11.450	94.431
0.075	32.39	3.239	97.670
筛底质量	23.30	2.330	100
总计	1 000	100	

细集料细度 M_x 按式(4-1)计算,为 2.78,该砂为中砂。

$$M_x = \frac{(A_{0.15} + A_{0.3} + A_{0.6} + A_{1.18} + A_{2.36}) - 5A_{4.75}}{100 - A_{4.75}} \tag{4-1}$$

(3)水

试验所用水为实验室普通自来水。

(4)硅橡胶颗粒表面处理剂

本章节所用硅橡胶颗粒表面处理剂见表 4-4。

表 4-4　表面处理剂

表面处理剂	分子式	厂家	简写	备注
过氧化氢	H_2O_2	洛阳市化学试剂厂	H_2O_2	分析纯
氢氧化钾	KOH	天津市科密欧化学试剂有限公司	KOH	分析纯
钛酸酯偶联剂 101	$C_{55}H_{111}O_9Ti$	南京道宁化工有限公司	TCA	分析纯
无水乙醇	C_2H_5OH	山西同杰化学试剂有限公司	C_2H_6O	分析纯

4.1.2　试验设备

本章节所用试验设备见表 4-5。

表 4-5　试验设备

设备	型号	生产厂家
水泥胶砂搅拌机	JJ-5	无锡市建工试验仪器设备有限公司
水泥胶砂试件成型振实台	ZT-96	无锡市建工试验仪器设备有限公司
样品模具	国标	深圳凯源塑业有限公司
电子万能试验机	WDW-20	济南恒瑞金试验机有限公司
真空干燥箱	DZF-6020A	北京中兴伟业仪器有限公司
精密电子天平	JA21002	上海舜宇恒平科学仪器有限公司
混凝土碳化试验箱	CABR-HTX12	中国建筑科学研究院
冰箱	BCD-160TMPQ	青岛海尔集团公司
便携式快速导热仪	JTKD-1	北京世纪建通环境技术有限公司
数字噪音计	AS8152	希玛仪表
马弗炉	IK-4-10	上海煜南仪器有限公司

4.2　硅橡胶表面处理

4.2.1　表面处理方式

(1)KOH 处理

硅橡胶颗粒在饱和 KOH 溶液中浸泡 24 h,然后用清水冲洗处理后的硅橡胶颗粒,直至酸碱度接近中性,最后烘干备用。

（2）H_2O_2 处理

硅橡胶颗粒在室温下完全浸泡在 H_2O_2 中 24 h,然后取出自然风干待用。

（3）TCA 处理

将 TCA 与乙醇溶液按质量比 1：1 混合后均匀喷到硅橡胶颗粒的表面,晾干备用,TCA 质量为硅橡胶颗粒质量的 1%。

4.2.2 表面处理硅橡胶表征

（1）接触角分析

图 4-1(a)、图 4-1(b)、图 4-1(c)分别表示 KOH 处理、H_2O_2 处理、TCA 处理硅橡胶与水的接触角,分别约为 $84°$、$74°$、$70°$,与普通硅橡胶与水的接触角 $95°$相比,均有不同程度的降低。通过表面处理后,硅橡胶的表面性能由疏水性转变为亲水性,原因是 H_2O_2 处理后在硅橡胶表面增加少量羟基,而 TCA 可黏附在硅橡胶表面,从而增强硅橡胶表面亲水性[56,73]。

（a）KOH处理　　　　　　（b）H_2O_2处理　　　　　　（c）TCA处理

图 4-1　蒸馏水与表面处理硅橡胶表面的接触角

（2）SEM 和 EDS 元素分析

图 4-2(a)、图 4-2(b)分别表示 KOH 处理、H_2O_2 处理硅橡胶的 SEM(扫描电子显微镜)图像,可以看出:硅橡胶经 KOH 处理后表面出现小孔,增大了表面的粗糙度,结合接触角试验,可以得出结论:KOH 处理后硅橡胶表面亲水性增强;硅橡胶经 H_2O_2 处理后表面并无明显差异。

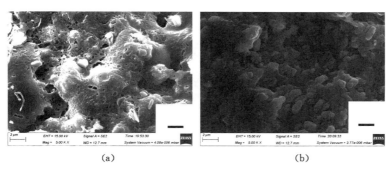

（a）　　　　　　　　　　　　　　（b）

图 4-2　表面处理硅橡胶粉 SEM 图像

表 4-6 为经过 KOH 和 H_2O_2 处理后 EDS 分析元素含量，与 H_2O 处理后相比，KOH 处理后引入 K 元素，同时 O、Al 元素含量降低，这是 KOH 与 Al(OH)$_3$ 发生反应的结果。H_2O_2 处理后 O、Al 元素含量降低，C、Si 元素含量升高，这可能与 Al(OH)$_3$ 与 H_2O_2 相溶后被洗掉一部分有关。

表 4-6　表面处理后硅橡胶粉元素含量　　　　单位：%

元素	H_2O 处理	KOH 处理	H_2O_2 处理
C	14.1	14.01	21.22
O	56.2	41.75	49.09
Mg	0.42	0.4	0.08
Al	19.18	11.37	13.14
Si	10.1	24.16	16.47
K		8.31	

（3）FTIR 分析

图 4-3 为表面处理硅橡胶粉的 FTIR（傅立叶变换红外吸收光谱仪）光谱，与 H_2O 处理硅橡胶粉相比，TCA（三氧乙酸）处理后出现 1 732 cm^{-1} 处的新峰，为 TCA 的 C＝O 伸缩峰；KOH 处理后 3 300～3 600 cm^{-1} 处的羟基伸缩振动峰全部消失的原因是 KOH 与 Al(OH)$_3$ 发生反应，1 660.5 cm^{-1} 处出现的新峰同样为 C＝O 伸缩峰；H_2O_2 处理后并未出现新峰，3 300～3 600 cm^{-1} 处的羟基伸缩振动峰稍微增强，这是引进部分—OH 造成的。

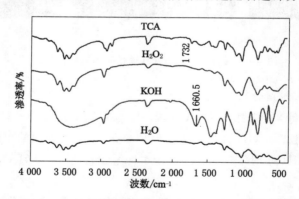

图 4-3　表面处理硅橡胶粉 FTIR 光谱

4.2.3　表面处理硅橡胶机理分析

KOH 处理硅橡胶发生反应：KOH＋Al(OH)$_3$ ⟶ KAlO$_2$＋2H$_2$O，生成的 KAlO$_2$ 会被冲洗掉一部分，从而使得 O、Al 元素含量降低，使硅橡胶表面多孔。虽然硅橡胶为惰性材料，但是经 H_2O_2 处理后引入少量羟基。TCA 处理未与硅橡胶发生化学反应，仅物理黏附在硅橡胶表面。

4.3　配合比设计

　　试验包含两个阶段,第一阶段为探索性试验,研究硅橡胶对砂浆力学性能的影响,硅橡胶粒径为 5 目、10 目、20 目、50 目 4 种,采用等体积取代砂子的方式掺入砂浆,取代量分别为 5％、10％、15％、20％、30％。第二阶段为在第一阶段基础上的拓展性试验,研究表面处理硅橡胶对砂浆力学性能、耐久性和其他性能的影响,此阶段仅采用 5 目一种粒径,仍采用等体积取代砂子的方式将表面处理硅橡胶掺入砂浆,取代量分别为 5％、15％、30％。为保证试验准确性和统一性,未处理硅橡胶采用水洗处理的方法。两个阶段试验砂浆初始配合比均保持 $m_{水泥}:m_{水}:m_{细集料}=1:0.5:3$ 不变。第一阶段探索性试验砂浆混合料配合比见表 4-7;第二阶段扩展性试验砂浆混合料配合比见表 4-8。

表 4-7　第一阶段砂浆混合料配合比　　　　　　　单位:kg/m³

编号	砂浆	水泥	水	砂	硅橡胶
M0	基准	503.68	251.84	1 511.04	0
M5-5	5 目,掺量 5％	503.68	251.84	1 435.49	42.05
M5-10	5 目,掺量 10％	503.68	251.84	1 359.94	84.10
M5-15	5 目,掺量 15％	503.68	251.84	1 284.38	126.15
M5-20	5 目,掺量 20％	503.68	251.84	1 208.83	168.20
M5-30	5 目,掺量 30％	503.68	251.84	1 057.73	252.30
M10-5	10 目,掺量 5％	503.68	251.84	1 435.49	42.05
M10-10	10 目,掺量 10％	503.68	251.84	1 359.94	84.10
M10-15	10 目,掺量 15％	503.68	251.84	1 284.38	126.15
M10-20	10 目,掺量 20％	503.68	251.84	1 208.83	168.20
M10-30	10 目,掺量 30％	503.68	251.84	1 057.73	252.30
M20-5	20 目,掺量 5％	503.68	251.84	1 435.49	42.05
M20-10	20 目,掺量 10％	503.68	251.84	1 359.94	84.10
M20-15	20 目,掺量 15％	503.68	251.84	1 284.38	126.15
M20-20	20 目,掺量 20％	503.68	251.84	1 208.83	168.20
M20-30	20 目,掺量 30％	503.68	251.84	1 057.73	252.30
M50-5	50 目,掺量 5％	503.68	251.84	1 435.49	42.05
M50-10	50 目,掺量 10％	503.68	251.84	1 359.94	84.10
M50-15	50 目,掺量 15％	503.68	251.84	1 284.38	126.15
M50-20	50 目,掺量 20％	503.68	251.84	1 208.83	168.20
M50-30	50 目,掺量 30％	503.68	251.84	1 057.73	252.30

表 4-8　第二阶段砂浆混合料配合比　　　　　　　　　　　　　　单位:kg/m³

编号	砂浆	水泥	水	砂	硅橡胶
M0	基准	503.68	251.84	1 511.04	0
M5-H₂O-5	H₂O 处理,5 目,掺量 5%	503.68	251.84	1 435.49	42.05
M5-H₂O-15	H₂O 处理,5 目,掺量 15%	503.68	251.84	1 284.38	126.15
M5-H₂O-30	H₂O 处理,5 目,掺量 30%	503.68	251.84	1 057.73	252.3
M5-KOH-5	KOH 处理,5 目,掺量 5%	503.68	251.84	1 435.49	42.05
M5-KOH-15	KOH 处理,5 目,掺量 15%	503.68	251.84	1 284.38	126.15
M5-KOH-30	KOH 处理,5 目,掺量 30%	503.68	251.84	1 057.73	252.3
M5-H₂O₂-5	H₂O₂ 处理,5 目,掺量 5%	503.68	251.84	1 435.49	42.05
M5-H₂O₂-15	H₂O₂ 处理,5 目,掺量 15%	503.68	251.84	1 284.38	126.15
M5-H₂O₂-30	H₂O₂ 处理,5 目,掺量 30%	503.68	251.84	1 057.73	252.3
M5-TCA-5	TCA 处理,5 目,掺量 5%	503.68	251.84	1 435.49	42.05
M5-TCA-15	TCA 处理,5 目,掺量 15%	503.68	251.84	1 284.38	126.15
M5-TCA-30	TCA 处理,5 目,掺量 30%	503.68	251.84	1 057.73	252.3

4.4　制作与养护

　　试验前将砂子烘干并除去碎石等杂物。按表 4-7 和表 4-8 准确称量水泥、水、砂子、硅橡胶(处理或未处理),并根据《建筑砂浆基本性能试验方法标准》(JGJ/T 70—2009)[93]将原料进行混合搅拌。拌和完成后将混合料装入刷好油的试模中并捣实振动,然后刮去表面多余砂浆,编号后移入养护室。制作尺寸为 40 mm×40 mm×160 mm 的棱柱体试块,用来测定砂浆抗折、抗压、冻融、碳化性能;制作 200 mm×200 mm×15 mm 的平板试块,用来测定导热、吸声性能;制作 70 mm×70 mm×70 mm 的立方体试块,用来测定吸水和高温后的力学性能。所有试块均标准养护 24 h 后拆模,然后放回养护室内继续养护至试验规定龄期。养护室的温度为(20±2) ℃,相对湿度为 95% 以上。

4.5　力学性能

　　力学性能是砂浆的基本性能指标,是研究其他各项性能的基础。众所周知,掺入硅橡胶等弹性体会降低水泥基材料的强度,这与弹性体本身特性有关,也与水泥与集料的界面相容性有关。本章通过对基准砂浆、硅橡胶砂浆、处理硅橡胶砂浆进行力学性能试验,研究硅橡胶粒径、掺量、处理方式对砂浆力学性能的影响规律。

4.5.1　力学试验方法

　　按照《水泥胶砂强度检验方法(ISO 法)》(GB/T 17671—2021),测定标准条件下养护试件 7 d、28 d 的抗折强度和抗压强度[94]。抗折强度和抗压强度测定时仪器加载速率分别为 3 kN/min 和 150 kN/min。

抗折强度 R_f 和抗压强度 R_c 分别按式(4-2)和式(4-3)计算,精确至 0.1 MPa;折压比 T 按式(4-4)计算,精确至 0.01%。

$$R_f = \frac{1.5F_fL}{b^3} \qquad (4-2)$$

式中　R_f——抗折强度,MPa;

　　　F_f——试件破坏时的极限荷载,N;

　　　L——两支点之间的距离,mm;

　　　b——正方形的边长,mm。

$$R_c = \frac{F_c}{A} \qquad (4-3)$$

式中　R_c——抗压强度,MPa;

　　　F_c——试件破坏时的极限荷载,N;

　　　A——受压面积,mm。

$$T = \frac{R_f}{R_c} \qquad (4-4)$$

式中　T——抗压比,%。

4.5.2　力学试验结果

硅橡胶砂浆 7 d、28 d 力学性能试验结果见表 4-9。

表 4-9　硅橡胶砂浆力学性能试验结果

编号	抗折强度/MPa		抗压强度/MPa		7 d 折压比/%	28 d 折压比/%
	7 d	28 d	7 d	28 d		
M0	5.8	7.3	30.20	46.68	19.21	15.64
M5-5	5.4	7.0	27.47	37.48	19.66	18.68
M5-10	5.2	6.5	23.88	30.69	21.78	21.18
M5-15	4.6	5.5	21.37	29.26	21.53	18.80
M5-20	4.2	5.1	17.55	23.35	23.93	21.84
M5-30	3.9	4.3	12.99	18.35	30.02	23.43
M10-5	5.3	7.0	27.60	38.95	19.20	17.97
M10-10	5.0	6.2	22.10	31.49	22.62	19.69
M10-15	4.5	5.2	19.61	25.86	22.95	20.11
M10-20	4.0	5.1	14.64	19.95	27.32	25.56
M10-30	3.0	3.9	10.10	15.88	29.70	24.56
M20-5	5.1	6.4	29.10	38.03	17.53	16.83
M20-10	4.8	5.6	21.07	31.61	22.78	17.72
M20-15	4.3	5.4	19.51	23.46	22.04	23.02
M20-20	3.9	4.8	15.27	20.45	25.54	23.47
M20-30	3.1	3.9	10.47	16.15	29.61	24.15

表 4-9（续）

编号	抗折强度/MPa		抗压强度/MPa		7 d 折压比/%	28 d 折压比/%
	7 d	28 d	7 d	28 d		
M50-5	5.1	6.3	21.74	33.90	23.46	18.58
M50-10	4.4	5.6	18.30	25.29	24.04	22.14
M50-15	4.4	5.5	17.18	22.83	25.61	24.09
M50-20	3.8	4.9	14.95	19.71	25.42	24.86
M50-30	2.9	3.9	8.46	13.38	34.28	29.15

4.5.3 硅橡胶对砂浆力学性能的影响

基准砂浆的 7 d 抗折强度为 5.8 MPa，28 d 抗折强度为 7.3 MPa。由表 4-9 和图 4-4 可知：随着硅橡胶掺量的增加，砂浆 7 d、28 d 抗折强度均逐渐降低。以 10 目硅橡胶粉 28 d 抗折强度为例，硅橡胶等体积取代砂子掺量，由 5%增至 30%，砂浆抗折强度与基准砂浆相比降低 4.11%～46.58%。粒径对硅橡胶抗折强度的影响较小，但是随着粒径的减小，硅橡胶砂浆抗压强度呈下降趋势。如硅橡胶掺量为 15%，粒径为 5 目、10 目、20 目、50 目时砂浆 7 d 抗折强度分别为 4.6 MPa，4.5 MPa，4.3 MPa，4.4 MPa，差异较小，但总体呈下降趋势。

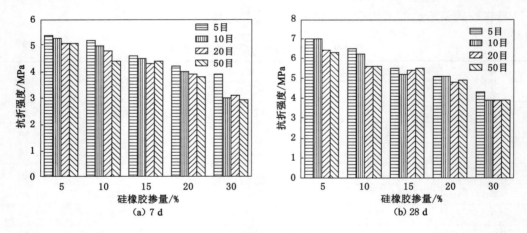

图 4-4 硅橡胶砂浆抗折强度

基准砂浆的 7 d 和 28 d 抗压强度分别为 30.20 MPa 和 46.68 MPa。图 4-5(a)、图 4-5(b) 分别表示随着硅橡胶掺量的增加硅橡胶砂浆 7 d、28 d 抗压强度的变化。与抗折强度变化规律相似，抗压强度随着硅橡胶含量的增加而降低。硅橡胶粒径为 5 目，掺量为 5%～30%时，硅橡胶砂浆较基准砂浆 7 d 抗压强度降低了 9.04%～56.99%，28 d 抗压强度降低了 19.71%～60.69%；硅橡胶粒径为 50 目，掺量为 5%～30%时，硅橡胶砂浆较基准砂浆 7 d 抗压强度降低了 28.01%～71.99%，28 d 抗压强度降低了 27.38%～71.34%。同样粒径大于 20 目时对硅橡胶抗压强度的影响较小，但随着粒径的减小，硅橡胶砂浆抗压强度呈下降趋势。

折压比为砂浆抗折强度与抗压强度的比值，用来表征硅橡胶砂浆韧性。由图 4-6(a)、图 4-6(b)可知：硅橡胶砂浆折压比随着硅橡胶掺量的增加和粒径的减小而呈增大趋势。说明

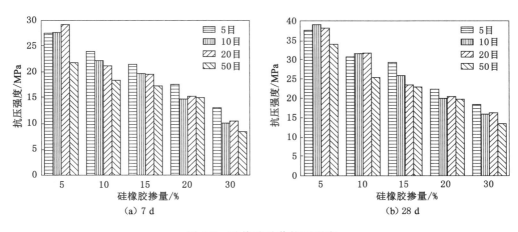

图 4-5　硅橡胶砂浆抗压强度

硅橡胶砂浆抗折强度下降程度小于抗压强度,韧性随着硅橡胶掺量的增加、粒径的减小而增大。

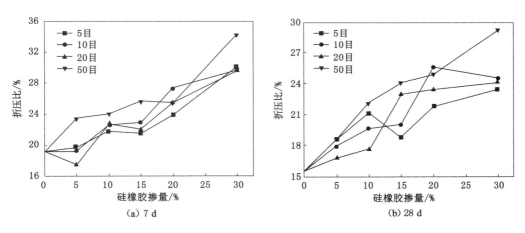

图 4-6　硅橡胶砂浆折压比

图 4-7 为砂浆抗压强度试验后的破坏模式。由图 4-7 可以看出:基准砂浆经抗压强度试验后出现脆性破坏,而硅橡胶砂浆经抗压试验后无脆性破坏,且硅橡胶掺量越大,破坏痕迹越不明显。这一现象更加证实了硅橡胶的加入可以提高砂浆的韧性。

（a）基准

（b）5目硅橡胶,掺量15%

（c）5目硅橡胶,掺量30%

图 4-7　抗压强度试验后砂浆的破坏模式

4.5.4 表面处理硅橡胶对砂浆力学性能的影响

硅橡胶砂浆 28 d 力学性能试验结果见表 4-10。

表 4-10 硅橡胶砂浆 28 d 力学性能试验结果   单位：MPa

编号	28 d 抗折强度	28 d 抗压强度
M5-H$_2$O-5	7.0	37.48
M5-H2O-15	5.5	29.26
M5-H2O-30	4.3	18.35
M5-KOH-5	7.1	37.66
M5-KOH-15	5.9	32.90
M5-KOH-30	4.6	19.15
M5-H$_2$O$_2$-5	6.8	38.25
M5-H$_2$O$_2$-15	5.6	32.50
M5-H$_2$O$_2$-30	4.8	21.33
M5-TCA-5	6.4	33.66
M5-TCA-15	5.4	27.98
M5-TCA-30	3.7	16.94

硅橡胶对砂浆 28 d 力学性能的影响结果如表 4-10 和图 4-8 所示。由图 4-8 可知：与 H_2O 处理硅橡胶相比，KOH 和 H_2O_2 处理硅橡胶可提高砂浆 28 d 抗折强度、抗压强度。硅橡胶掺量为 15% 时，与 H_2O 处理硅橡胶相比，KOH 和 H_2O_2 处理硅橡胶后砂浆抗折强度分别提高了 1.82% 和 7.27%；抗压强度分别提高了 12.44% 和 10.56%。TCA 处理硅橡胶对砂浆具有消极影响。

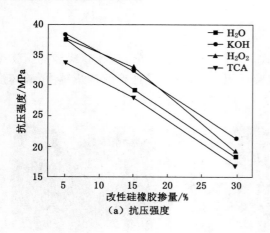
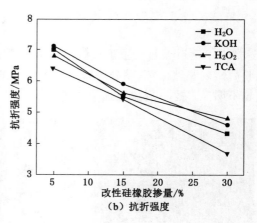

图 4-8 硅橡胶对砂浆 28 d 力学性能的影响

4.5.5 机理分析

掺入硅橡胶后砂浆力学性能降低的原因与硅橡胶本身和砂浆结构有关。这些因素包括[45,57,95]：

（1）由图 2-5 可知硅橡胶是疏水性材料，与水泥浆之间的黏结较弱。掺入硅橡胶后，水泥浆与硅橡胶之间产生界面过渡带，加载时会导致应力分布不均匀而产生裂纹。

（2）硅橡胶的硬度与砂子等细集料相比较低，硅橡胶的存在降低了砂浆的刚度和承载能力。

（3）硅橡胶作为典型的弹性材料，水泥作为典型的脆性材料，二者弹性模量存在较大差异。在相同的变形条件下，水泥基体承受的应力远大于硅橡胶，在加载过程中裂纹更容易扩展。

相比 H_2O 处理，经过 KOH 和 H_2O_2 处理后硅橡胶砂浆强度稍增大，TCA 处理后减小，造成这种现象的原因如下：

（1）KOH 处理可以在硅橡胶颗粒周围提供弱碱性条件，增强硅橡胶周围水泥水化[73,96]。此外，根据图 4-1 接触角试验结果，经 KOH 处理后硅橡胶的亲水性增强，会使硅橡胶与水泥浆之间的过渡区变窄。因此，经过 KOH 处理后硅橡胶砂浆的力学性能得到明显提高。

（2）H_2O_2 可以去除硅橡胶表面的杂质，在硅橡胶表面接入极性基团，提高硅橡胶表面亲水性，改善了硅橡胶与水泥浆的界面，从而提高了砂浆的力学性能[97-98]。

（3）TCA 与硅橡胶之间为物理黏结，黏结不牢固，同时 TCA 的引入会阻止水泥水化，使砂浆内部形成更大的空隙。

4.6 耐久性

砂浆耐久性是除强度以外最主要的性能指标，是指砂浆抵抗环境侵蚀、化学作用等的能力，是砂浆安全服役的基本要求。本章主要研究了砂浆抗冻融性能、碳化性能和高温后力学性能。

4.6.1 抗冻融性能

砂浆抗冻融性能是体现水泥砂浆耐久性的重要指标之一，是指砂浆试块抵抗多次冻融循环而不疲劳、不破坏的性能。在饱水状态下砂浆经过多次快速冻融循环作用，仍能具有较好的力学性能、外观整体性和使用性是其在寒冷地区安全使用的前提。

本试验用质量损失率和抗压强度损失率表示硅橡胶砂浆的冻融破坏程度。从养护室取出标准养护 26 d 的试件，放入 15～20 ℃水中浸泡，水面没过试件顶部 20 mm 左右，浸泡 2 d 后进行冻融试验。试验前擦去试件表面的水分并记录质量，每个循环试件在冰箱中的冻结时间与水中融化时间均不短于 4 h，每 25 次冻融循环对试件进行一次外观检查，并记录试件质量。冰箱温度为－15～－20 ℃，水温保持在 15～20 ℃，试验终止的条件为：每组试件（3 块）有 2 块出现明显分层、裂开现象，平均质量损失率超过 5% 或冻融循环达 200 次。采用式（4-5）计算试件冻融后的质量损失率；采用式（4-6）计算抗压强度损失率。

$$\Delta W_c = \frac{G_0 - G_n}{G_0} \times 100 \qquad (4\text{-}5)$$

式中　ΔW_c——n 次冻融循环后砂浆质量损失率；

　　　G_0——冻融循环试验前的试件质量，g；

　　　G_n——n 次冻融循环后的试件质量，g。

$$\Delta f_c = \frac{f_{c0} - f_{cn}}{f_{c0}} \qquad (4\text{-}6)$$

式中　Δf_c——n 次冻融循环后砂浆抗压强度损失率；

　　　f_{c0}——对比试件的抗压强度，MPa；

　　　f_{cn}——n 次冻融循环后试件抗压强度，MPa。

　　硅橡胶砂浆经 200 次冻融循环后的质量损失率见表 4-11。由表 4-11 可以看出：试件质量大致呈现先上升后下降，或持续下降的趋势。在冻融循环过程中，随着冻融次数的增加和硅橡胶掺量的增加，试件表面裂纹现象和剥落程度逐渐严重，但是质量损失率并没有体现出来。试验前期，硅橡胶砂浆试件内部的裂纹随着冻融循环次数的增加而增加，水分进入试件内部，导致试件的质量略增大；若前期出现剥落现象，试件质量有可能降低。试验后期试件表面存在大面积剥落现象，造成试件的质量损失。在冻融循环 200 次之后，所有硅橡胶砂浆试件的质量变化不超过 1%。因此一定程度上，质量损失率不能完全反映试件表面的剥落情况。

表 4-11　硅橡胶砂浆经 200 次冻融循环后的质量损失率　　　　单位：%

编号	冻融循环次数/次								
	0	25	50	75	100	125	150	175	200
M0	0	0.01	0.12	0.16	0.19	0.26	0.23	0.39	0.23
M5-H₂O-5	0	−0.11	−0.19	−0.22	−0.14	−0.21	−0.17	−0.20	−0.21
M5-H₂O-15	0	0.15	−0.03	−0.02	−0.01	0.14	0.44	0.32	0.41
M5-H₂O-30	0	0.03	0.07	0.02	0.07	0.16	0.17	0.11	0.03
M5-KOH-5	0	0.24	0.24	0.21	0.33	0.28	0.32	0.22	0.14
M5-KOH-15	0	0.08	−0.03	−0.46	−0.65	−0.20	0.19	0.26	0.34
M5-KOH-30	0	−0.11	−0.14	−0.08	0.02	−0.02	0.06	0.02	−0.10
M5-H₂O₂-5	0	0.19	0.18	0.18	0.29	0.24	0.27	0.22	0.20
M5-H₂O₂-15	0	0.08	0.10	0.12	0.14	0.16	0.27	0.23	0.22
M5-H₂O₂-30	0	−0.04	0.20	−0.04	0.09	0.09	0.14	0.05	−0.01
M5-TCA-5	0	0.04	0.07	−0.01	0.12	−0.02	0.12	0.11	0.06
M5-TCA-15	0	0.24	0.43	0.50	0.53	0.86	0.72	0.87	0.75
M5-TCA-30	0	0.33	0.45	0.46	0.79	0.69	0.90	0.83	0.80

　　图 4-9(a)、图 4-9(b)、图 4-9(c)、图 4-9(d)分别表示 KOH 处理，硅橡胶掺量为 15% 时，试件经 50 次、100 次、150 次、200 次冻融循环后的形态，可以直观看出：随着冻融次数的增加，试件表面微裂纹现象越发明显，后期试件表面存在大面积剥落现象。

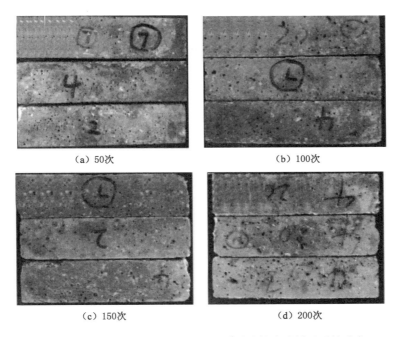

(a) 50次 (b) 100次

(c) 150次 (d) 200次

图 4-9　KOH 处理硅橡胶掺量为 15％时试件冻融循环后的形态

图 4-10(a)、图 4-10(b)分别表示不同掺量时 H_2O 处理硅橡胶试件和不同处理方式时掺量为 15％试件经 200 次冻融循环后的质量损失率。由图 4-10(a)可以看出：不同掺量时 H_2O 处理硅橡胶试件经 200 次冻融循环后的质量损失率分布于 0 附近,硅橡胶掺量对硅橡胶砂浆质量的影响较小。

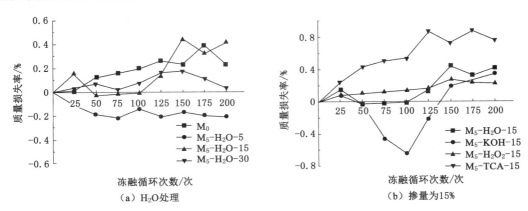

(a) H_2O 处理 (b) 掺量为15%

图 4-10　硅橡胶砂浆 200 次冻融循环后质量损失率

由图 4-10(b)可以看出：掺量为 15％时不同硅橡胶处理方式时试件经 200 次冻融循环后的质量损失率(除 TCA 处理外)同样分布于 0 附近,且变化规律均为先上升后下降,并稍有波动,除 TCA 处理外其他处理方式同样对硅橡胶砂浆质量的影响较小。

硅橡胶砂浆经过 200 次冻融循环后的抗压强度变化和抗压强度损失率如图 4-11 所示。与未冻融试件相比,硅橡胶砂浆试件经过 200 次冻融循环后抗压强度损失率呈下降趋势。此时基准砂浆抗压强度损失率为 18.05％。图 4-11(a)、图 4-11(b)、图 4-11(c)、图 4-11(d)分别表示硅橡胶处理方式为 H_2O 处理、KOH 处理、H_2O_2 处理和 TCA 处理，且随着硅橡胶掺量的增加，砂浆的抗压强度损失率较基准砂浆有所降低。H_2O 处理硅橡胶掺量为 5％、15％、30％时，硅橡胶砂浆抗压强度损失率分别为 18.98％、12.07％和 8.12％。相同掺量时，KOH 处理硅橡胶时硅橡胶砂浆抗压强度损失率分别为 15.16％、11.79％和 10.40％；H_2O_2 处理硅橡胶时硅橡胶砂浆抗压强度损失率分别为 13.61％、7.64％和 7.75％；TCA 处理硅橡胶时硅橡胶砂浆抗压强度损失率分别为 11.93％、10.39％和 10.11％。

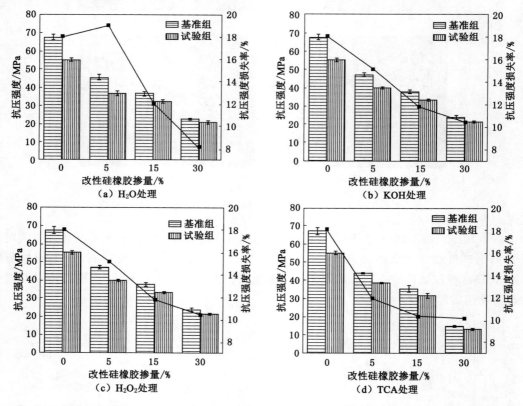

图 4-11　硅橡胶砂浆经过 200 次冻融循环后与未冻融试件相比抗压强度变化和抗压强度损失率

　　由试验结果可以得出：处理后可以明显改善硅橡胶砂浆的抗冻融性能。由于硅橡胶为弹性材料，本身具有较好的弹性和可伸缩性能，故可以缓解低温下水结冰产生的膨胀应力，也可以在水融化时恢复形变，支撑砂浆内部结构，减缓裂纹的发展；掺入的硅橡胶可充当引气剂，为砂浆内部水的冻融提供一定的空间。因此砂浆的抗冻性可以通过掺入硅橡胶来改善。处理方式对硅橡胶砂浆冻融性能的影响较小，但是 KOH 处理和 H_2O_2 处理依然改善了硅橡胶砂浆中水泥浆体与硅橡胶颗粒的有效黏结，提高了硅橡胶砂浆的密实度、抗压强度，对硅橡胶砂浆的抗冻性有利。

4.6.2　碳化性能

　　砂浆碳化是指空气中的 CO_2 扩散到水泥砂浆的内部，并与砂浆水化过程中产生的

$Ca(OH)_2$、$Ca_5Si_6O_{16}(OH) \cdot 4H_2O$ 等碱性物质发生化学反应从而使砂浆碱度降低、质量提高、收缩及强度变化的过程。

本试验砂浆抗碳化性能通过水泥砂浆的碳化深度来进行评价。将标准养护 26 d 的试件从养护室中取出,放置于 60 ℃ 烘箱内恒温烘干 48 h 后冷却至室温。除一个侧面供碳化试验用,其余均用加热的石蜡密封后放入碳化箱。在整个试验过程中碳化箱内的 CO_2 浓度保持在(20%±3%),温度始终保持在(20±2)℃,湿度保持在(70%±5%)。分别在碳化时间为 3 d、7 d、14 d、28 d 时取出试件破型测定其碳化深度,随即喷涂 1% 的酚酞酒精溶液,利用酸碱指示剂原理用尺子分别测出各测量点的碳化深度。砂浆各龄期的平均碳化深度应按式(4-7)计算,精确至 1 mm。

$$\bar{d_t} = \frac{\sum_{i=1}^{n} d_i}{n} \tag{4-7}$$

式中　$\bar{d_t}$——试件碳化 t 天后的碳化深度,mm;

　　　d_i——测试侧面上各测点的碳化深度,mm;

　　　n——侧面上的测点总数。

硅橡胶砂浆碳化试验结果如表 4-12 和图 4-12 所示。可以看出:与基准砂浆相比,硅橡胶砂浆碳化深度明显增大,且碳化深度增长速率为前快后慢。这是由于在反应初期参与碳化反应的 $Ca(OH)_2$ 足够多,伴随着 CO_2 渗入硅橡胶砂浆,碳化反应强烈。随着碳化时间的增长,$Ca(OH)_2$ 逐渐消耗,碳化速度降低。同时碳化产物 $CaCO_3$ 填充在硅橡胶砂浆的内部孔隙中,提高了砂浆的密实度,减缓了碳化速度。

表 4-12　硅橡胶砂浆碳化深度　　　　　　　　　　　　　　单位:mm

编号	碳化时间/d			
	3	7	14	28
M0	1.90	3.04	3.95	4.95
M5-H_2O-5	3.10	3.66	5.28	6.47
M5-H_2O-15	3.91	4.48	6.02	6.75
M5-H_2O-30	5.68	6.27	7.87	8.91
M5-KOH-5	2.32	3.91	5.33	6.64
M5-KOH-15	3.10	3.61	5.17	6.14
M5-KOH-30	3.52	4.46	5.28	6.75
M5-H_2O_2-5	2.97	3.74	4.39	5.23
M5-H_2O_2-15	3.10	3.66	4.89	6.64
M5-H_2O_2-30	4.77	4.95	6.04	8.57
M5-TCA-5	2.41	4.32	4.66	6.21
M5-TCA-15	5.51	5.99	7.05	8.77
M5-TCA-30	9.98	11.33	13.84	14.69

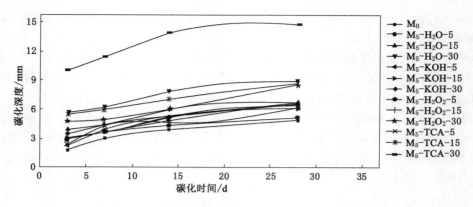

图 4-12　碳化时间对硅橡胶砂浆碳化深度的影响

图 4-13 表示硅橡胶掺量对硅橡胶砂浆碳化深度的影响。硅橡胶砂浆的碳化深度大于基准砂浆，且随着硅橡胶含量的增加而增大。KOH 和 H_2O_2 处理后的硅橡胶可以有效抑制硅橡胶砂浆碳化。由于硅橡胶颗粒表面粗糙，在砂浆中加入硅橡胶颗粒容易引入气体，增加砂浆孔隙率，降低密度，使 CO_2 更容易扩散。用 KOH 和 H_2O_2 处理可以去除硅橡胶表面的杂质，改善硅橡胶颗粒的表面形貌，增强硅橡胶的表面亲水性，橡胶颗粒与水泥浆体之间的隔离带孔隙率降低。

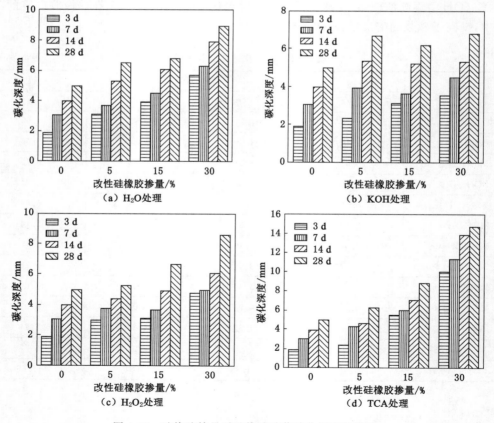

图 4-13　硅橡胶掺量对硅橡胶砂浆碳化深度的影响

4.6.3 高温后力学性能

随着温度的升高,砂浆内部会发生一系列物理化学变化,如水泥石胶体分解、产生结构裂缝等,从而影响其性能。研究高温后砂浆力学性能和质量变化规律是对混凝土经历火灾等高温情况后进行损伤鉴定的基础。

本试验采用损伤系数作为高温后力学性能的评价指标。试验前将标准养护 26 d 的试件从养护室中取出,放入 60 ℃烘箱内恒温烘干 48 h 后冷却至室温,并测其质量。高温加热设备采用马弗炉,试验温度分别为 200 ℃、300 ℃、400 ℃ 和 500 ℃。升温速度为 4 ℃/min,保温时间为 1 h,冷却速度是 1 ℃/min,加热-冷却周期内温度变化如图 4-14 所示。高温后砂浆质量损失率按式(4-8)计算,损伤因子 D 按式(4-9)计算。

$$P = \frac{W_T - W_0}{W_0} \tag{4-8}$$

式中 P——高温后的砂浆质量损失率;

W_0——试验前的试件质量,g;

W_T——高温后砂浆质量(T 为试验温度),g。

$$D = 1 - \frac{f_T}{f_c} \tag{4-9}$$

式中 D——损伤因子;

f_T——高温后砂浆的抗压强度(T 为试验温度),MPa;

f_c——常温下砂浆的抗压强度,MPa。

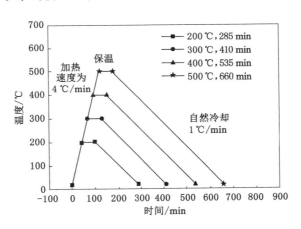

图 4-14 加热-冷却周期内温度变化

随着温度的升高,硅橡胶砂浆表面裂纹及剥落现象逐渐严重。高温后的硅橡胶砂浆试件呈现不同颜色变化,这是由于砂浆高温后生成不同矿物和硅橡胶受热分解。根据硅橡胶砂浆颜色变化和表面裂纹程度可将受热温度分为两个区间:① 常温至 300 ℃,试件颜色变化不大,为青灰色,表面裂纹较少,无明显松散剥落现象;② 300~500 ℃,试件颜色为灰褐色,表面覆盖一层灰白色粉末,表面裂纹增加,出现松散剥落现象。

图 4-15 为硅橡胶砂浆高温后质量损失率变化,基准砂浆随温度的升高质量损失率分别

为 5.97％,6.07％,6.29％,6.41％。根据第 2 章硅橡胶 TG-DSC 曲线可知硅橡胶会随着温度的升高而分解,所以硅橡胶掺量较多时,砂浆高温后质量损失率明显大于掺量较小时。经过 H_2O、KOH、H_2O_2 处理后硅橡胶砂浆高温后质量损失率大致相等,而经过 TCA 处理后质量损失率明显减小,具体原因仍需进一步探究。

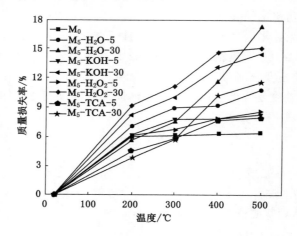

图 4-15　硅橡胶砂浆高温后的质量损失率

图 4-16 和图 4-17 分别为硅橡胶砂浆高温后的抗压强度和硅橡胶砂浆抗压强度损伤因子。由图 4-16 和图 4-17 可以看出:基准砂浆高温后的抗压强度损伤因子随着温度的升高逐渐增大,抗压强度逐渐降低;硅橡胶掺量为 5％时,400 ℃以内高温后的抗压强度稍微增大,即损伤因子小于 0;超过 400 ℃时,高温后抗压强度减小,损伤因子大于 0。硅橡胶掺量为 30％时,200 ℃以内高温后抗压强度稍微增大,损伤因子小于 0;超过 200 ℃时,高温后抗压强度减小,损伤因子大于 0。除 TCA 外,其他处理方式对硅橡胶砂浆抗压强度及其高温后的抗压强度均有积极影响。

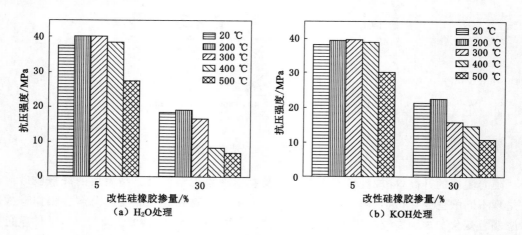

图 4-16　硅橡胶砂浆高温后的抗压强度

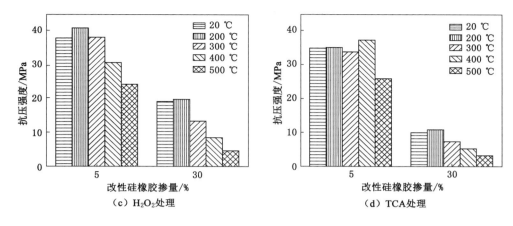

（c）H₂O₂处理

（d）TCA处理

图 4-16（续）

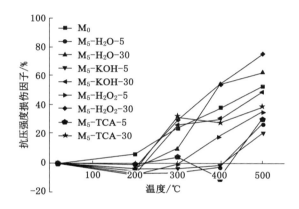

图 4-17 硅橡胶砂浆抗压强度损伤因子

4.7 其他性能

4.7.1 表观密度

　　表观密度是砂浆的一项重要性能指标,尤其是在砂浆浇筑和修补过程中,轻质砂浆更有助于节约成本。砂浆表观密度受原材料密度、混合料密度、含气量等多种因素的影响。

　　图 4-18 为硅橡胶砂浆养护 28 d 后的干表观密度。基准砂浆表观密度为 2 175 kg/m³,H₂O 处理硅橡胶掺量为 5％、15％、30％时,硅橡胶砂浆表观密度依次为 2 121 kg/m³、2 060 kg/m³、1 996 kg/m³;KOH 处理硅橡胶掺量为 5％、15％、30％时,硅橡胶砂浆表观密度依次为 2 140 kg/m³、2 043 kg/m³、2 013 kg/m³;H₂O₂ 处理硅橡胶掺量为 5％、15％、30％时,硅橡胶砂浆表观密度依次为 2 137 kg/m³、2 063 kg/m³、2 007 kg/m³;TCA 处理硅橡胶掺量为 5％、15％、30％时,硅橡胶砂浆表观密度依次为 2 080 kg/m³、1 967 kg/m³、1 778 kg/m³。硅橡胶表观密度为 1 436 kg/m³,细集料表观密度为 2 570 kg/m³,所以随着硅橡胶取代砂含

量的增加，砂浆表观密度逐渐降低，这也是硅橡胶砂浆密度降低的主要原因。硅橡胶将空气夹带到砂浆混合料中是硅橡胶砂浆密度降低的另一个原因[51,99]。除 TCA 处理外，其他处理方式对硅橡胶砂浆的密度影响不显著。

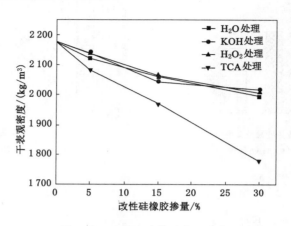

图 4-18　硅橡胶砂浆干表观密度

4.7.2　导热性能

　　导热性能是衡量砂浆保温品质的重要指标，指在其承受温度差时传递热量的多少及快慢的能力。砂浆导热系数越低，用于建筑物内外墙体时保温效果也就越好，节能效率也就越高。

　　本试验用导热系数来描述砂浆导热性能。试验前将标准养护 26 d 的试件从养护室中取出，放入 60 ℃烘箱内恒温烘干 48 h 后冷却至室温。测定时环境温度为 30 ℃，湿度为 47%。

　　图 4-19 为不同掺量的硅橡胶砂浆随处理方式变化的导热系数，基准砂浆导热系数为 1.09 W/(m·K)，采用 H_2O、KOH 或 H_2O_2 处理后的硅橡胶砂浆的导热系数大致相等。当硅橡胶掺量为 5% 时，导热系数约为基准砂浆的 78%；掺量为 15% 时，导热系数约为基准砂浆的 69%；硅橡胶含量为 30% 时，砂浆导热系数降至基准砂浆的 61% 左右。硅橡胶掺量相同时，三种处理方式时的砂浆的导热系数从大到小顺序为 KOH 处理、H_2O_2 处理、H_2O 处理。TCA 处理后的硅橡胶砂浆的导热系数与前三者相比明显降低，当硅橡胶掺量为 5% 时，导热系数为基准砂浆的 72%；硅橡胶含量为 15% 时，砂浆导热系数为基准砂浆的 60%；硅橡胶含量为 30% 时，砂浆导热系数为基准砂浆的 48%。

　　因为封闭孔隙中的空气具有保温作用，所以孔隙率是影响砂浆导热系数的重要因素。加入硅橡胶后，硅橡胶与水泥浆体之间存在疏松过渡区，孔隙率增大，硅橡胶砂浆导热系数降低。另外，硅橡胶自身导热系数低也是硅橡胶砂浆具有保温功能的另一个原因[100]。

　　处理方式对硅橡胶砂浆的影响同样与过渡区的大小有关，KOH 和 H_2O_2 处理可减小过渡区，使得硅橡胶砂浆导热系数相比于 H_2O 处理有所降低。这与力学强度试验具有较好的一致性。

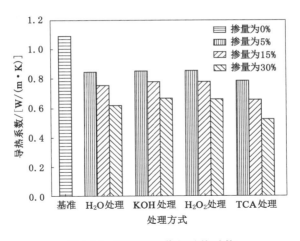

图 4-19 硅橡胶砂浆的导热系数

4.7.3 降噪性能

砂浆铺筑于室内地面时,其降噪性能至关重要。本试验采用橡胶球冲击法模拟鞋底撞击地面时产生振动噪音的现象。自制橡胶球冲击装置如图 4-20 所示,橡胶球从砂浆板上方试验高度(0.5 m、1.5 m 和 2.5 m)自由落下,用噪音仪记录橡胶球与砂浆板接触瞬间的噪音水平。测量距离分别为 0.1 m、2.5 m 和 5.0 m,橡胶球的质量和直径分别为 70.5 g 和 48.4 mm,环境噪音水平为 63.9 dB(A)。

图 4-20 自制橡胶球冲击装置

图 4-21 表示处理方式对硅橡胶砂浆噪音水平的影响。噪音仪与砂浆试块的距离为 0.1 m,橡胶球下降高度为 2.5 m,此时基准砂浆噪音水平为 73.5(A)dB。由图 4-21 可以看出:噪音水平随着硅橡胶掺量的增加而降低,H_2O 处理硅橡胶掺量为 5% 和 30% 时,噪音水平分别降至 71.04 dB(A)和 70.65 dB(A);KOH 处理硅橡胶掺量为 5% 和 30% 时,噪音水平分别降至 71.63 dB(A)和 71.07 dB(A);H_2O_2 处理硅橡胶掺量为 5% 和 30% 时,噪音水平分别降至 71.60 dB(A)和 71.13 dB(A);TCA 处理硅橡胶掺量为 5% 和 30% 时,噪音水平分别降至 70.79 dB(A)和 70.11 dB(A)。KOH 和 H_2O_2 处理对硅橡胶降低噪音水平具有消极影响;TCA 处理对硅橡胶降低噪音水平具有积极影响。

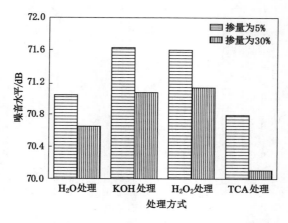

图 4-21　处理方式对硅橡胶砂浆噪音水平的影响

图 4-22(a)、图 4-22(b)分别为下降高度和测量距离对 H_2O 处理硅橡胶砂浆噪音水平的影响。噪音水平随着橡胶球下降高度从 0.5 m 增加到 2.5 m 而增大,硅橡胶砂浆的降噪效果也变得更显著。测量距离为 0.1 m 时的噪音水平分别比 2.5 m 和 5 m 高约 2.86 dB(A) 和 6.73 dB(A),且不同测量距离时砂浆的降噪水平随着硅橡胶掺量变化规律一致,体现在图 4-22(b)中为曲线近似平行。

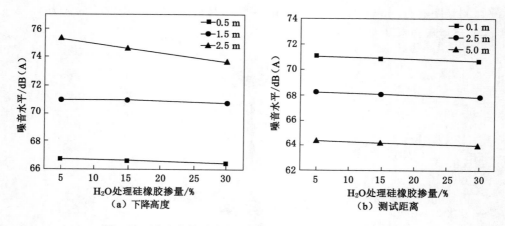

图 4-22　试验条件对 H_2O 处理硅橡胶砂浆噪音水平的影响

降噪效果改善的原理与引气剂相似。如前所述,加入硅橡胶后,砂浆的孔隙率增大,可以提高橡胶球冲击引起的声反射频率,达到耗散能量的目的。同时,加入弹性硅橡胶后,砂浆的弹性模量降低,提高了应力扩散和应力吸收的适应性,消耗了更多的声能。

4.8　本章小结

(1)砂浆抗折强度、抗压强度随硅橡胶的掺量增加而降低,随硅橡胶粒径的减小而呈降低趋势;折压比随硅橡胶的掺量增加和粒径的减小而增大,表示砂浆韧性增强。

（2）KOH 和 H_2O_2 处理硅橡胶可提高硅橡胶砂浆 28 d 抗折强度、抗压强度；TCA 处理则使硅橡胶砂浆 28 d 抗折强度、抗压强度降低。

（3）经 200 次冻融循环后试件质量大致呈现先上升后下降，并稍有波动，所有硅橡胶砂浆试件的质量变化不超过 1％，不能完全反映试件表面的剥落情况。基准砂浆抗压强度损失率为 18.05％，掺入硅橡胶可以改善砂浆的抗冻性能，抗压强度损失率随着硅橡胶掺量的增加而降低。

（4）硅橡胶的掺入对砂浆的碳化具有消极影响，碳化深度随硅橡胶的掺量增加而增大。相比 H_2O 处理，KOH 和 H_2O_2 处理后的硅橡胶可以改善砂浆碳化耐久性。

（5）高温后质量损失率随硅橡胶掺量的增加和温度的升高而增大。相同掺量、相同温度下经 H_2O、KOH、H_2O_2 处理后硅橡胶砂浆高温后质量损失率大致相等。硅橡胶掺量为 5％时，400 ℃以内高温后抗压强度略微增大，硅橡胶掺量为 30％时，200 ℃以内高温后抗压强度略微增大。

（6）随着硅橡胶掺量的增加，砂浆密度降低。除 TCA 处理外，其他处理方式对硅橡胶砂浆的密度影响不显著。

（7）随着硅橡胶掺量的增加，砂浆导热系数降低。除 TCA 处理外，其他处理方式对硅橡胶砂浆的导热系数影响不显著。

（8）硅橡胶砂浆相比于基准砂浆，可降低噪音水平。KOH 和 H_2O_2 处理对硅橡胶降低噪音水平具有消极影响；TCA 处理对硅橡胶降低噪音水平具有积极影响。橡胶球与砂浆板之间的撞击噪音越大，降噪效果越显著。

5 第一部分内容研究结论

本部分内容以退役复合绝缘子硅橡胶为原料,首先对基础性能进行表征,之后将其应用于沥青、沥青混合料、砂浆等建材领域。通过一系列性能研究及表征分析,研究其对沥青、沥青混合料、砂浆的性能的影响,并对机理进行简单分析,得出如下结论:

(1) 经正交试验分析,确定硅橡胶粉改性沥青的最佳制备条件为:粒径为 180 目,掺量为 20%,搅拌温度为 180 ℃。在此条件下 70# 改性沥青软化点升高 14.66%,5 ℃延度增加 33 mm;90# 改性沥青软化点升高 12.84%,5 ℃延度增加 51 mm。改性沥青低温延度和软化点均随硅橡胶粉掺量的增加先增大后减小,掺量超过 20%之后由于团聚造成改性沥青应力集中,低温时容易发生脆性断裂。硅橡胶粉越细,越容易被沥青包覆黏结,改性效果越好。最佳搅拌温度为 180 ℃,继续升高温度会使沥青老化加剧,破坏改性沥青的结构,从而不利于沥青的改性。

(2) 橡胶粉改性沥青的最佳制备条件下,硅橡胶粉改性沥青混合料具有良好的路用性能,最佳油石比为 5%,此时马歇尔试验稳定度为 15.44 kN。在此基础上进行其他路用性能测定,车辙试验动稳定度、小梁弯曲试验破坏应变、冻融劈裂试验劈裂强度比、浸水马歇尔试验残留稳定度,均达到规范要求,硅橡胶粉改性沥青混合料高温稳定性、低温抗裂性、水稳定性较好。

(3) 将硅橡胶与表面处理硅橡胶掺入水泥浆,制备硅橡胶砂浆。硅橡胶的掺入降低了砂浆的抗折强度和抗压强度,且随着掺量增加和粒径的减小,砂浆抗压强度呈下降的趋势,但硅橡胶的掺入提高了砂浆韧性;掺入硅橡胶可以改善砂浆抗冻融性能,但是对抗碳化性能却有消极影响;硅橡胶砂浆高温后质量损失率随硅橡胶掺量的增加和温度的升高而增大;密度、导热系数随硅橡胶掺量的增加而减小;硅橡胶砂浆与基准砂浆相比可有效降低噪音水平;使用 KOH 处理和 H_2O_2 处理等可提高硅橡胶砂浆抗折强度、抗压强度,抵消部分碳化产生的消极影响。TCA 处理虽然对强度的提高不利,但可提高噪音吸收水平。硅橡胶砂浆由于具有抗压强度低、抗冻融性能好、密度低、噪音吸收水平高、导热性好等性能,可应用于非承重结构构件、保温墙体、降噪地面等。

第二部分

废旧塑料骨料在砂浆中的应用

6 废旧塑料及其应用简介

6.1 研究背景

塑料是三大人工合成材料(橡胶、纤维和塑料)中发展最迅速的,逐渐成为国民经济中与钢铁、木材、水泥并驾齐驱的重要材料[101],并且其发展速度远领先于其他三种材料[102]。随着经济的快速发展,塑料的应用领域越来越多,在农用制品、包装用品、工业制品、建筑业、日用品等领域中都是不可或缺的一部分。正因为如此大的需求规模,生产量也越来越大,塑料使得人类的社会文明向前推进了一大步。数据显示:2021 年全球产量约为 3.9 亿吨[3],我国的塑料产量多达 1.1 亿吨[4]。

在塑料大规模生产使用的同时也伴随着大量废旧塑料的产生(图 6-1),其对环境造成的压力也越来越大,资料显示:全世界每年向海洋和江河倾倒大量的塑料垃圾,太平洋垃圾带主要由废旧塑料组成,大洋中 90% 的漂浮物都是塑料垃圾[105]。这已经严重威胁人类健康,与以人为本的可持续发展战略之间的矛盾也越加尖锐,亟须采取行之有效的方法对废旧塑料进行处理。美国是世界上塑料制品生产量最大的国家,其在 2021 年产生高达 5 100 万吨塑料垃圾[106]。英国 2021 年产生的塑料垃圾约为 250 万吨[107]。我国 2009 年塑料消费量为 5 688 万吨,2021 年已上升至 13 544 万吨[108]。

图 6-1 大量塑料垃圾

塑料是在苛刻的条件下通过聚合等一系列化学反应生成的高分子聚合物,其具有化学稳定性、耐腐蚀等性能,废弃后的塑料制品在很长时间内几乎无法降解,被称为"白色污染"[109]。废弃塑料遗留在土壤中会降低土壤的透气性,对农作物的生长极其不利(废旧农用聚乙烯地膜若不回收将导致土壤长期不能正常种植作物）；多种多样的塑料包装袋满天飞，已造成相当严重的环境污染和视觉污染，成为人类生态文明和社会和谐发展的障碍，对废旧塑料的回收工作迫在眉睫[110]。

当今社会对废旧塑料的回收再利用越来越重视，世界上任何国家都没有能力承担日益增加的废旧塑料生产所带来的经济损失与环境污染。美国为了更好地对资源进行回收、利用和保护，对加强固体废弃物的管理等进行了研究，完善废弃物回收利用体系的建设及运行，1976 年美国联邦政府颁布了《资源保护与回收法》；日本也很重视固体废弃物的回收利用，专门制定了《节能与再生资源支援法》《再生资源法》《包装容器再生利用法》等法律以促进制造商简化包装，并明确生产者、供卖者和使用者均有回收利用的义务；1996 年 10 月德国第一部新环境法律——《循环经济法》正式生效，该法明确规定谁生产、出卖、使用包装物品，谁需要承担回收利用废物和处置废物的义务。有资料表明我国对废弃塑料的处理方法中，填埋占 93%，焚烧占 2%，而回收利用仅为 5%[111]。随着社会文明的发展，我国也加强了对废旧塑料的管制，如国务院办公厅于 2007 年 12 月 31 日发布了关于限制制造、出卖、消费塑料购物袋的"限塑令"；2009 年《中华人民共和国循环经济促进法》正式生效，该法对废旧资源回收利用的相关配套政策及措施进行了制定与调整，对我国再生塑料产业的发展有重大的影响。

6.2　废旧塑料的来源

废旧塑料的来源有很多种，在塑料的生产、加工与使用过程中都会产生废旧塑料。比如在塑料树脂的合成过程中，如果塑料树脂的品牌或其他因素被人为强制改变的过程中产生的过渡塑料树脂就成为废旧树脂，在生产过程中产生的塑料在分子量或结构方面可能与原设计不吻合的也成为废旧塑料。在塑料的加工过程中不可避免会产生一些废型坯、废丝与边角料等。在生产加工过程中产生的废旧塑料量在很大程度上是可以人为减少的。而塑料制品在使用过程中因受空气、湿度、阳光、温度等外界因素的作用而降解老化，当其使用价值失去后就变成了废旧塑料，这是不可避免的，因此塑料的消费使用是产生废旧塑料的主要途径。20 世纪 60 年代早期美国就废旧塑料的来源做了一个简要的调查，结果见表 6-1。

表 6-1　废旧塑料来源

废旧塑料种类	包装制品	建筑材料	消费品	汽车配件	电子电器	其他
所占比例/%	50	18	11	5	3	13

废旧塑料的成分见表 6-2。

表 6-2　废旧塑料的成分

废旧塑料成分	聚烯烃	PVC	PS	PET	其他
所占比例/%	61	13	10	11	5

由表 6-1 和表 6-2 可知:包装制品消费是废旧塑料的主要来源,废旧 PVC 在废旧塑料中占比很大。因此减少或再次回收利用包装塑料对节约资源和清洁环境具有十分重大的意义。

PVC 制品按照其硬度可以分为两大类:软质 PVC 制品与硬质 PVC 制品。前者主要有电缆、电线、塑料鞋、薄膜、玩具、汽车配件等;后者主要有瓶子、硬管、硬质板材、下水管、楼梯扶手等。PVC 制品多种多样,已经被广泛用于人们的日常生活与工农业生产中。PVC 制品中含有很多其他添加剂,如增塑剂、着色剂、稳定剂等,其中很多添加剂对环境有害,严重影响人类的健康,如 PVC 制品中常添加的稳定剂硬质钡、锌等金属皂类、铅、镉盐类,有机锡类等[112]。废旧 PVC 制品老化后其中的有害离子很容易从 PVC 制品中释放出来,对水、土壤造成二次污染的可能性极大;PVC 制品的增塑剂主要有邻苯类、偏苯三酸三辛酯与二甘醇甲苯酸酯等,废旧 PVC 制品中的增塑剂容易析出,其中大多数邻苯类增塑剂对人类多个系统均有伤害[113],在生物体内可以累积,当含量超过一定值后会对生物产生严重的负面效应。PVC 制品种类繁多,应用广泛,需求量大,资料显示中国 PVC 需求量年递增速度约为10%。PVC 产量大,废旧 PVC 产出量与日俱增,且废旧 PVC 制品对环境的威胁大,故对废旧 PVC 的回收工作刻不容缓。

6.3　废旧塑料的处理现状

目前世界各国处理废旧塑料的方法主要有掩埋法、焚烧法和回收再利用。

掩埋法是指废旧塑料不经过任何处理直接埋在地下深处,此方法短期投入少,因此在很长时间内是世界各国处理废旧塑料的主要方法,但是随着社会的发展,人民群众节约资源及环保意识增强,该方法暴露出了越来越多的弊端。填埋大量的废旧塑料需要大面积的土地,且密闭在土壤中的废旧塑料不但降低了土壤的透气性,而且不与空气接触,很难被降解,随着时间的推移,废旧塑料中的有毒物质可能会从塑料中溶出,对土壤与地下水造成"二次污染"[114]。而且在填埋的废旧塑料中也含有可再回收利用的塑料,与可持续发展和建立资源节约型社会相违背。

焚烧法能够减少废旧塑料质量的 80%,体积的 90% 以上[115]。该方法可以在很大程度上减少废旧塑料的占地空间,并且可以利用其焚烧过程中的热能进行发电等,方便人类的生活。但是该方法也有其不足之处:塑料的燃烧不可避免地会产生各种各样的有毒气体(氰化物、氯化物、氮化物等),会对大气、水造成"二次污染",特别是长时间大量焚烧塑料产生的有毒气体对酸雨的形成"贡献"很大。此外焚烧法设备的资金投入大,维修费用也很高。

从环境保护与合理、节约利用资源来看,不管是填埋法还是焚烧法,都会对环境造成二次污染,都会造成资源的浪费,这与以人为本的可持续发展战略背道而驰。因此,对废旧塑料的回收再利用变得尤其重要。目前废旧塑料的再生利用技术可以分为两类[116]:直接再生利用和改性再生利用。

直接再生利用是指废旧塑料仅通过简单工艺的处理(分类、清洗、破碎、造粒等)后直接成型加工制成新产品。比如现在把混合塑料加工成塑料仿木材料和土工格栅材料等工艺已有比较成熟的技术和设备[117]。

改性再生利用是指将废旧塑料通过物理或化学作用后制成新的产品,主要有熔融再生、热裂解、能量回收、回收化工原料、氯化改性、交联改性、接枝共聚改性、共混改性、增强改性及填充改性等。改性再生利用技术多种多样,不同改性技术的原理差异很大,需要对其进行深层研究,以便使之能够更好地为人类服务。

PVC 中含有氯元素,直接焚烧会产生大量的氯化物,严重污染大气,威胁人类的健康;填埋的 PVC 制品随着时间的增加其外加剂如邻苯类增塑剂析出渗入土壤与水体中,对人与其他生物的生命产生直接或间接的严重威胁,故处理废旧塑料方案中直接焚烧与填埋不适合处理废旧 PVC 制品。对于废旧 PVC 制品的处理一般采取回收再利用。当今社会对废旧 PVC 制品的回收大概有以下几种方案:

(1) 废旧 PVC 的直接再生利用与一般废旧塑料制品的直接再生利用方案相同:直接将废旧 PVC 经分离、清洗、破碎、塑化等工艺加工成型。如美国新泽西州的某大学利用 X 射线荧光探测仪可以有效地将 PVC 塑料与其他塑料分离[118]。

(2) 物理改性主要有填充改性(PVC 中填充金属、气体等改变制品的硬度、耐热性等)、增韧改性(刚性聚合物与 PVC 共混提高 PVC 冲击强度,弹性物与 PVC 共混提高 PVC 韧性)[119]。

(3) 化学改性主要有两种方法:大分子反应与共聚合反应。前者主要包括氯化改性与交联改性;后者主要包括接枝共聚改性与无规共聚改性。

(4) 高温裂解主要有 PVC 中 HCl 的回收(分裂解反应前、中、后三种脱 HCl 方案)与裂解制油(高温裂解、加催化剂裂解与加氢加催化剂裂解)。

废旧 PVC 回收工艺多种多样,其中化学改性与高温裂解前期投入大,且运行过程中设备的维修费用高,一旦发生意外事故,很容易产生危险,故更应该采用投资少、风险小的方案——回收利用废旧 PVC 制品。把废旧塑料充当轻骨料添加到混凝土中成本低,也可以改善传统混凝土自身固有的缺陷(如质脆、容重大等)。

6.4 废旧塑料在混凝土中的应用研究

6.4.1 绿色混凝土

随着社会的发展,人类的资源节约意识与环保意识逐渐增强,开始重新看待被认为的废弃垃圾,并使之变废为宝。将废旧塑料破碎成颗粒直接掺入其他材料中,这种低成本改造,是对废旧塑料再利用的最佳选择[120]。建筑行业需求材料的种类多,而且量大,特别是混凝土的用量更是与日俱增。19 世纪 90 年代首届国际材料学会联合会(IUMRS)上首次提出了"绿色材料"一词。"环境材料"于 1990 年被山本一郎首次使用[121]。1992 年国际学术界又给出了绿色材料准确合理的定义:在原料选取、产品制造、应用过程和使用以后的再生循环利用等环节中使地球环境负荷最小和对人类身体健康无害的材料[122]。随着绿色材料的发展,"绿色混凝土"也随之浮出水面[123-126]。这种新型混凝土符合可持续发展战略,能够减小对环境的污染,不影响后代的健康生活。该类混凝土大致可以分为绿色高性能混凝土、环保混凝土、机敏混凝土与再生骨料混凝土等。吴中伟院士在 1998 年第一次提出了"绿色高性能混凝土"(GHPC)的概念[127],大胆地把高性能混凝土与大自然环境保护和可持续发展战略综合起来考虑实际问题，这是一个很大的进步。俄罗斯科研工作者向混凝土中加入与传统混凝土属性差异巨大的乳胶沥青，成功研发出了可以用在码头、机场跑道与地震带建筑物中的塑料混凝土[128]。下面主要介绍废旧塑料在混凝土中应用的研究进展。

6.4.2 塑料骨料的制备

不同试验中需要的塑料骨料大多数是由不同来源的废旧塑料制备得到的，一般情况下是在实验室中用粉磨机把塑料磨粉后经筛分获得粒度合适的那一部分进行试验[129-132]。有一些试验研究使用的塑料骨料是从废塑料处理厂或塑料制造工厂收集而来的[133-135]，然后再在试验中进行筛分得到粒度大小符合试验要求的塑料颗粒[135-138]。在部分研究试验中试验人员对塑料废弃物进行简单的处理：洗涤后除去附在其上的杂质[129,133,139]。

N. Saikia 等[140]试验中使用的三类塑料骨料直接从废旧 PET（两个不同大小范围的片状与颗粒状的废旧 PET）处理厂获取并作为混凝土骨料，PET 经机械粉碎后取得两类塑料骨料，而且在粉磨前后废旧 PET 都用碱性溶液冲洗，最后 PET 塑料骨料还要离心分离以便除去其中的杂质。经过这些工艺处理之后，诸如纸屑、尘埃、PVC、毛玻璃与胶类等杂质都可以去除，并使用除尘系统除去这些微粒。然后粉磨生产 $10\sim14$ mm 粒度范围内的片状 PET 颗粒。

对废旧塑料做进一步的工艺处理以便提高其使用性能的研究现在正在进行中。如废旧塑料混合其他材料后通过机械设备对废旧塑料加热熔化，或通过其他技术对塑料废弃物进行改性，以便提高塑料废弃物作为混凝土骨料应用时的质量[141-145]。A. Kan 等[143-144]用发泡聚苯乙烯泡沫废弃物制备了一种塑料骨料，这种改性骨料在 130 ℃ 的热烘箱内热烘 15 min 熔化废旧发泡聚苯乙烯泡沫制得。而 Y. W. Choi 等[142]通过在 250 ℃ 下将聚对苯二甲酸乙二醇酯废旧瓶的粒状颗粒与粉状河砂、高炉矿渣混合制备了两种不同类型的塑料骨料[141-142]。熔融混合物经空气冷却后，再用 0.15 mm 筛将所要制备的骨料和剩余的粉状部分进行筛选。Y. W. Choi 等[141]制备 PET 骨料的流程如图 6-2 所示。

6.4.3 塑料骨料属性的评定

由于塑料骨料的化学物理性质与天然骨料的化学物理性质不同。前者是有机、质轻、有韧性，后者是无机、容重大、质脆。所以两种骨料性能之间存在的差异通常会受到关注。一般情况下塑料骨料的粒度分布是通过标准筛选方法评定的[129-132,134-135,146]。然而在一些研究中也采用不同的方法进行标示[138,147]。通常采用标准方法（粗细天然骨料的堆积密度、比重和吸水率等评估法）来评价改性塑料骨料的这些性能[135]。对其他性能，如塑料骨料的硬度（拉伸和压缩强度、弹性模量）、分解温度、熔化和初始退化温度、熔体流动指数、热容和热导率等研究得较少。

6.4.4 混凝土中的塑料骨料种类与含量

塑料骨料通常是由大尺寸的塑料废旧材料生产而得的。因此天然的粗细骨料都可以用塑料骨料替代。部分和全部用塑料骨料取代天然骨料的研究都有报道。在一些研究中，水泥砂浆与混凝土的天然细骨料也有用大尺寸骨料取代的[125,139]。表 6-3 总结了制备水泥砂

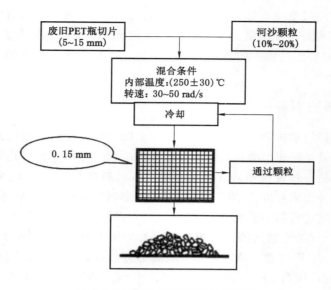

图 6-2　制备砂包裹 PET 骨料流程

浆与混凝土时被塑料骨料取代的天然骨料的种类与比例。

表 6-3　制备水泥砂浆/混凝土时取代天然骨料的塑料种类与比例

混凝土类型	取代物的种类与比例	废旧塑料的来源
混凝土	细骨料,10％,20％(体积)	PET 瓶
混凝土	细骨料,5％,10％,15％,20％(体积)	
混凝土	细骨料,10％,15％,20％(体积)	塑料容器(80％聚乙烯与 20％的聚苯乙烯)
轻骨料混凝土	细骨料,5％,15％,30％,45％(体积)	PVC 管
砂浆	细骨料,2％,5％,10％,15％,20％,30％,50％,70％,100％(体积)	PET 管
混凝土	粗骨料,34％,35％,45％(体积)	建筑物废旧聚氨酯泡沫保温板
混凝土	细骨料,5％(质量)	PET 瓶
砂浆	细骨料,30％,50％,70％(体积)	PET 瓶
砂浆	细骨料,3％,10％,20％,50％(体积)	工业废旧 PET 瓶与聚碳酸酯混合物
混凝土	粗细骨料,25％,50％,75％,100％(体积)	废旧多孔聚苯乙烯泡沫包装材料
砂浆	细骨料,13.1％～33.7％(体积)	建筑物废旧聚氨酯泡沫保温板
砂浆	细骨料,50％,100％(质量)	PET 瓶
砂浆与混凝土	细骨料,25％,50％,75％,100％(体积)	PET 瓶

6.4.5　塑料骨料对新拌混凝土性能的影响

塑料作为骨料添加到混凝土中对混凝土性能的影响很大,已有大量试验探索了塑料骨料对新拌混凝土坍落度、容重、含气量等影响的研究。关于塑料混凝土的和易性行为存在两种并行的观点:随着塑料骨料添加量的增加,其坍落度越来越小[130-132,134,147],塑料混凝土坍落度偏小的原因是塑料骨料具有锋利的边缘和棱角分明的颗粒,此外有些骨料存在大量的表面空隙,这些塑料骨料(如硬质聚氨酯泡沫废弃物或热处理后的发泡聚苯乙烯泡沫等)的添加能够降低混凝土的坍落度值[135,138,143]。也有研究表明塑料骨料的添加可以提高混凝土的坍落度值[141-142,148],因为塑料骨料不像天然骨料一样,在混合过程中几乎不吸收水分,使得塑料混凝土与常规混凝土相比有较多的自由水,进而提高塑料混凝土的坍落度。Y. W. Choi 等[141-142]的研究表明:混凝土中添加处理后的两种类型 PET 瓶材料骨料可以提高混凝土的坍落度值,认为由于骨料是球形的,这种趋势使得该骨料拥有球面形状和光滑的表面纹理,降低了浆液与 PET 骨料之间的内部摩擦,进而提高其坍落度。

不考虑塑料骨料的种类与尺寸,由于塑料骨料质轻,塑料骨料的掺入一般可以降低混凝土的新拌密度[129,131,134-136,141-142,148]。Z. Z. Ismail 等[134]用塑料作为混凝土的细骨料研究了其对新拌混凝土密度的影响。他们的试验结果表明:以 10%、15%、20%塑料骨料取代细骨料,新拌混凝土的密度分别下降 5%、7%与 8.7%,低于基准混凝土;A. Al-Manaseer[148]也发现含量 10%、30%与 50%的塑料骨料的混凝土的密度分别下降 2.5%、6%与 13%。

关于直接以塑料废弃物为骨料的水泥砂浆或混凝土的含气量的研究还比较少。

Y. W. Choi 等[141]研究了用 PET 包裹砂石部分取代细骨料的混凝土的含气量见表 6-4。

表 6-4　用 PET 包裹砂石部分取代细骨料的混凝土的含气量

水灰比	取代细骨料的 PET 骨料/%	含气量/%
0.53	0	4.5
	25	4.2
	50	4.1
	75	4.1
0.49	0	5.0
	25	4.5
	50	4.3
	75	4.2
0.45	0	5.0
	25	4.8
	50	4.0

从表 6-4 可以看出：相同水灰比条件下，塑料混凝土的含气量与对照混凝土相比略低，且随着 PET 含量的增加有降低的趋势。

6.4.6 塑料骨料对硬化混凝土性能的影响

抗压强度是水泥砂浆/混凝土的一个基本性能。抗压强度在很大程度上决定混凝土的使用性能，因此关于塑料骨料的添加对混凝土抗压强度影响的研究很多，研究结果表明塑料骨料的掺入会降低混凝土/水泥砂浆的抗压强度[129-135,139,142-143,146-147]。如 S. C. Kou[130] 等用 PVC 颗粒分别取代 5％，15％，30％ 和 45％ 的天然细骨料制备轻质混凝土，其 28 d 抗压强度与对照试验相比分别下降了 9.1％，18.6％，21.8％ 和 47.3％。导致塑料混凝土低抗压强度的可能决定性因素为：(1) 塑料废料与水泥浆表面低的黏结强度；(2) 塑料废料疏水的本质属性，通过限制水的移动进而抑制水泥水化反应。大量试验表明：塑料骨料对混凝土抗折强度、抗劈裂强度的影响与对抗压强度的影响相似，即塑料的添加降低了混凝土的抗折强度和抗劈裂强度。

塑料骨料的添加降低混凝土此三项强度是废旧塑料骨料混凝土的缺点，但是塑料骨料的添加可以改善混凝土其他方面的性能，这又促使塑料混凝土发展。塑料骨料的添加可以提高混凝土的韧性和抗震性能，该类混凝土在破坏前可以吸收的能量较多，在多地震地区及机场中得到广泛应用。塑料的添加可以很好地降低硬化混凝土的密度，在建筑的非承重结构中得到广泛应用。该塑料混凝土不支持燃烧，即便发生火灾，塑料混凝土也不会"火上浇油"。其使用寿命长，与现有市场中的有机隔室装饰材料相比，塑料混凝土有很大的优势。塑料的加入可以降低混凝土的容重[149-150]。塑料为疏水性材料，塑料骨料的添加可以阻碍自由水在混凝土中的移动，可以提高混凝土的抗氯离子迁移性，降低混凝土中氯离子的扩散系数，改善混凝土的抗碳化性和抗冻融性[130]。S. C. Kou 等[130] 用废旧 PVC 颗粒按体积部分取代天然砂来制备混凝土，试验发现随着塑料骨料含量的增加，其干燥收缩有下降的趋势，这可能是因为 PVC 颗粒不透水不吸水，因此能够减小混凝土的整体收缩。

传统砂浆的导热系数高，保温性能差，北方冬季用于建筑物保温而消耗的能源是不可以忽视的，而塑料骨料几乎不导热，将塑料骨料添加到砂浆中可以有效改善砂浆的保温性，能够有效节约建筑物用于保温而消耗的材料。

从整体来说将塑料骨料加入混凝土中可以有效改善混凝土的很多性能，使混凝土的耐久性提高，但也会对混凝土产生不利影响。其中限制废旧塑料广泛应用到混凝土中的原因是塑料骨料的加入会大幅降低混凝土的抗压强度，避免或降低塑料骨料对混凝土或砂浆强度的损伤是使废旧塑料(PVC)在混凝土或砂浆中得以广泛应用的最有效的方法。

6.5 本部分研究内容

(1) 为了减缓抗压强度随塑料骨料含量增加而迅速下降，探索发明了一种水泥与废旧 PVC 共混后再造粒的方法，制备出一种水泥 PVC 共混骨料。

(2) 探索水泥 PVC 共混骨料对砂浆流动性、表观密度、力学性能的影响。

(3) 探究水泥 PVC 共混骨料对硬化砂浆孔结构的影响。混凝土的耐久性与其孔结构有着密切联系,孔隙少且致密的硬化混凝土,外界水分不容易进入,从而可以提高混凝土的抗冻融性、抗氯离子迁移性等,进而提高混凝土的耐久性。

(4) 探究水泥 PVC 共混骨料对砂浆导热性能的影响。塑料的导热系数远小于天然骨料(砂、石等)的,初步研究水泥 PVC 共混骨料对硬化混凝土导热系数的影响规律,探究其作用机理。

7 原材料与试验方法

7.1 原材料

7.1.1 水泥

水泥:焦作坚固水泥有限公司生产的"坚固牌"32.5级复合硅酸盐水泥(P.C32.5)。其物理性能指标见表7-1。

表7-1 水泥的物理性能指标

密度 /(g/cm³)	标准稠度 /%	比表面积 /(m²/kg)	凝结时间/min		抗压强度/MPa		抗折强度/MPa	
			初凝时间	终凝时间	3 d	28 d	3 d	28 d
3.01	28.0	330.2	136	246	15	35.6	2.7	6

水泥的粒度分布如图7-1所示。

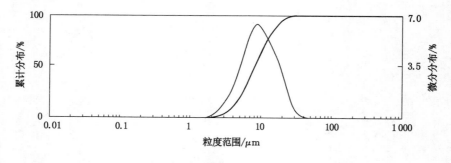

图7-1 水泥的粒度分布

7.1.2 塑料骨料主要原材料

试验中使用的塑料骨料的主要成分的来源为废旧 PVC 电缆皮(质量分数≥80%)。废旧 PVC 电缆皮的密度(1.39 g/cm³)大于水的密度,如图7-2所示。

7.1.3 拌和用水

试验用水无特殊说明外均为实验室自来水。

图 7-2　废旧 PVC 电缆皮

7.1.4　试验用砂

试验中所需要的砂均为建筑用中砂,表观密度为 2.62×10^3 kg/m³,松散堆积密度为 1.54×10^3 kg/m³,紧密堆积密度为 1.8×10^3 kg/m³。用标准筛测得其粒度分布见表 7-2,细度模数为 2.7,压碎指标为 23%,含泥量为 3.74%。

表 7-2　砂的粒度分布

筛孔尺寸/mm	分计筛余率/%	累计筛余率/%
4.75	0	0
2.36	10.8	10.8
1.18	20.3	31.1
0.60	23.0	54.1
0.30	25.5	79.6
0.15	14.5	94.1
0.075	5.4	99.5
盘底	0.5	100

7.1.5　化学试剂

硝酸:分析纯,天津市大茂化学试剂厂生产,质量分数为 65%～68%;
硝酸银:分析纯,天津市天感化工技术开发有限公司生产,纯度不低于 99.8%;
氯化钠:分析纯,天津市致远化学试剂有限公司生产,纯度不低于 99.5%;
铁铵矾:分析纯,天津市登科化学试剂有限公司生产,纯度不低于 99.5%;
硫氰酸钾:分析纯,天津市博迪化工有限公司生产,纯度不低于 98.5%;

硝基苯:分析纯,天津市永大化学试剂有限公司生产,纯度不低于99.0%。

7.2　试验方法

（1）P.C32.5水泥密度的测定

水泥密度按照《水泥密度测定方法》(GB/T 208—2014)中规定的李氏瓶法测定。

（2）P.C32.5水泥粒度分布的测定

水泥颗粒级别根据《水泥颗粒级配测定方法 激光法》(JC/T 721—2006)中所叙述的原理,利用激光粒度分析仪器(RISE-2008型)进行测量。

（3）P.C32.5水泥颗粒比表面积的测定

按照《水泥比表面积测定方法 勃氏法》(GB/T 8074—2008)测量。

（4）试验用砂性能的测定

根据《建设用砂》(GB/T 14684—202)中的规定对试验所用砂的基本属性进行测定。

（5）共混挤出骨料的制备

使用SHJ-20型同向双螺旋杆挤出机制备废旧PVC电缆皮破碎料与水泥的共混骨料。

（6）塑料接触角的测定

根据《玻璃表面疏水污染物检测接触角测量法》(GB/T 24368—2009),利用接触角测定仪对水泥与挤出共混骨料进行接触角的测定。

（7）塑料骨料浸泡水溶液中自由氯离子浓度的测定

水溶液中氯离子浓度的测定采用福尔哈德法。

（8）挤出共混骨料形貌的测定

不同水泥含量的水泥PVC共混骨料的形貌不同,采用金相显微镜(Shympus ck40-M-F200)进行断面的观察。

（9）硬化水泥石的XRD分析

取养护28 d的水泥石,在不同温度下保温后利用X射线衍射分析仪(D8ADVANCE型)对其水化产物进行试验。

（10）塑料骨料与水泥石界面分析

用DMM-480C倒置金相显微镜观察。

（11）砂浆板导热系数的测定

根据护热平板法原理利用湘潭市仪器仪表有限公司生产的DRH-Ⅲ全自动双平板导热系数测定仪测定制作的砂浆板的导热系数。

（12）砂浆孔结构的测定

利用吸水法测定砂浆的最大吸收率、孔径平均值及孔径分布。

8　塑料骨料的制备与性能表征

本试验中添加的塑料骨料共五类,其主要成分来源均为废旧 PVC 电缆皮(图 7-2),五种塑料骨料详情如图 8-1 所示。

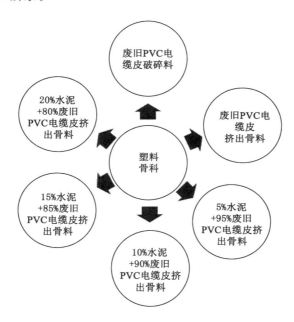

图 8-1　塑料骨料的成分

图 8-1 中废旧 PVC 电缆皮破碎料粒度为 $2.35\sim4.75$ mm,挤出骨料为短圆柱形,直径大概为 3 mm,高 2 mm。在之后的试验中若无特殊说明,废旧 PVC 电缆皮破碎骨料简称 A 骨料;废旧 PVC 电缆挤出骨料简称 B 骨料;5％水泥＋95％废旧 PVC 电缆皮挤出骨料简称 C 骨料;10％水泥＋90％废旧 PVC 电缆皮挤出骨料简称 D 骨料;15％水泥＋85％废旧 PVC 电缆皮挤出骨料简称 E 骨料;20％水泥＋80％废旧 PVC 电缆皮挤出骨料简称 F 骨料。本书中的骨料专指制得的这 6 种塑料轻骨料。

8.1　塑料骨料的制备

8.1.1　A 骨料的制备

首先将图 7-2 中的废旧 PVC 电缆皮用清水连续搅拌 10 min,然后用筛子将洗涤水与废旧 PVC 电缆皮分离,重复上述操作两次,最后把用水洗涤干净的废旧 PVC 电缆皮摊放在实验室地上的塑料薄膜上干燥 4 d。接着用塑料破碎机破碎干净的废旧 PVC 电缆皮,然后用 2.35 mm 与 4.75 mm 的标准方孔筛筛分破碎料,取其中粒径为 2.36~4.75 mm 的破碎料,即试验中所使用的 A 骨料。

图 8-2　A 骨料

8.1.2　B-E 塑料骨料的制备

对 A 骨料再粉磨,取其中粒径小于 1.18 mm 的细小废旧 PVC 颗粒(通过标准方孔筛 1.18 mm 的颗粒)。称取质量为 M 的细小废旧 PVC 颗粒与质量为 m 的 P.C32.5 水泥,$M:m=19:1$,然后将二者倒入塑料盆($R\approx15.5$ cm,$r\approx9.5$ mm,$h\approx11$ cm),混合料占塑料盆容积的 1/3 左右,戴有薄塑料手套的手沿着塑料盆壁插入混合料,确保手指接触塑料盆底,顺时针慢速做半径逐渐减小的圆周运动以搅拌混合细小废旧 PVC 颗粒与 P.C32.5 水泥。手做半径逐渐减小的圆周搅拌运动回到塑料盆中心位置时,再做半径逐渐增大的圆周搅拌运动,手接触塑料盆壁后再搅拌一周,此为一个周期,如此做 10 个周期的搅拌动作,在塑料盆底部取 5 个试样点,各取少量混合料与表面的混合料用眼睛进行初步比较,感觉没有明显差异后对均匀性再做进一步的判定,达到试验要求后轻轻地把水泥塑料拌合物送入双螺杆挤出机的喂料口,以保证水泥 PVC 混合物中水泥的均匀度不发生明显变化。从双螺杆挤出机排料口出来的条状挤出料经过切料机后制得 C 骨料;当 $M:m=14:1$ 时,从切料机出口取得的骨料为 D 骨料;当 $M:m=13:5$ 时,从切料机出口取得的骨料为 E 骨料;当 $M:m=4:1$ 时,从切料机出口取得的骨料为 F 骨料。

8.2　塑料骨料的性能表征

8.2.1　水泥 PVC 拌合物均匀性的判定

在制备 B-E 塑料骨料过程中用肉眼观察水泥/PVC 拌合料是否有明显差异来判断水泥/PVC 拌合料是否均匀,这只能作为其均匀性判断的初步指标,为进一步说明其是否均匀,均匀度为多少,需要做进一步的试验来验证。首先解释一下均匀度的含义。均匀度是考察对象在规定系统内混合均匀性优劣的一个指标,均匀度越大,混合得越均匀。

若质量为 M 的 a 物质加入质量为 N 的 b 物质中,采取一定的混合操作后随机从混合物中取出 n 份质量均为 H 的试样($nH < M+N$),测量每一份试样中 a 物质的质量 $h_i(i=1,2,3,\cdots,n)$,设 $\alpha = M/(M+N)$,$\beta_i = h_i/H$,则 a 物质的均匀度

$$J_a = 1 - [(\alpha-\beta_1)^2 + (\alpha-\beta_2)^2 + \cdots + (\alpha-\beta_n)^2]/(n\alpha)^2 \qquad (8-1)$$

若 $\beta_i = \alpha(i=1,2,3,\cdots,n)$,则 a 物质的均匀度 $J_a = 1$,达到最大值,理论上在试验测试精度下混合料混合得完全均匀;若 $\beta_i = 0(i=1,2,3,\cdots,n)$,a 物质的均匀度 $J_a = 0$ 达到最小值,说明两种物质几乎没混合;若 $\theta < \beta_i < 1$,则 $J_a < 1$,说明混合的均匀程度有待进一步提高。总之,J_a 越大理论上说明混合的效果越好。

对于同一个体系内的一个考察对象采取同一种取样方法来说,式(8-1)中的 n 越大,nH 越大,物质的均匀度 J_a 越能说明整体体系中 a 物质的均匀度,n 越大说明取样点越多,取样点的密度越大;nH 越大,说明抽取的试样占总试样的比例越大。

若考察体系的形状是有规则的,其容积 V 是已知的,或是可以计算出来的,且可以方便地定体积 v 取样,则式(8-1)中 $M+N$ 可以换为 V,H 更换为 v;同理,若体系的形状沿着某一矢量方向的横截面面积 S 是恒定不变的,且 S 是已知的,或是可以计算出来的,还可以沿着该矢量方向定面积 s 取样,则式(8-1)中 $M+N$ 可以换为 S,H 更换为 s。需要指明的是:M 不仅可以表示要表示物质的质量,还可以表示该物质的物质的量时,式(8-1)同样可以表示该物质的均匀度。

本试验的取样点位置如图 8-3 所示,图中灰白圆环表示塑料盆圆周壁,5 个黑圆圈表示取样点位置。从图 8-3 可以看出 4 个取样点位于两条相互垂直的直径两端附近,第 5 个试样点位于塑料盆中心。

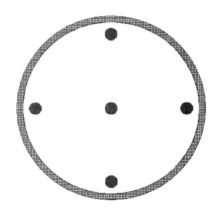

图 8-3　取样点位置

在制备塑料骨料时每一次混合 P.C 32.5 水泥与细小废旧 PVC 颗粒时 $M+m \approx 5$ kg,取样点数量为 5,即 $n=5$,每次取样 100 g(电子天平精度为 0.01 g,量程为 500 g),即 $m = 100$ g。5 个检测试样全部收集完毕后把其中一份试样倒入干净的标准 0.15 mm 的方孔筛中用清水慢慢过滤,直至滤水不再浑浊,与过滤前一样清澈为止。接着把方孔筛与湿润的细小废旧 PVC 颗粒一起放入鼓风的干燥箱中 40 ℃保温 1 h(试验证明此时塑料的质量不再变化),小心取出干燥后的细小废旧 PVC 颗粒并称量其质量。最后计算出 P.C 32.5 水泥在细

小废旧 PVC 颗粒中的均匀度 J，其结果如图 8-4 所示。

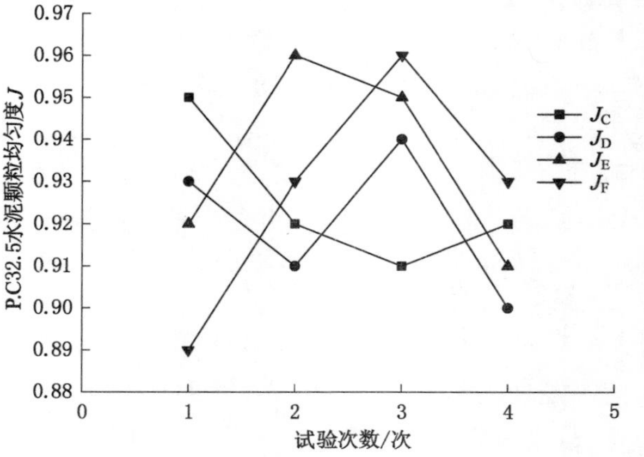

图 8-4　P.C 325 水泥颗粒均匀度

图 8-4 中的试验次数是指制备 PVC 细小颗粒与水泥混合物的次数，不是指同一混合物中取样的周期数（本试验同一混合物取 5 次试样进行均匀度分析为一个周期）。图中 J_C，J_D，J_E 与 J_F 分别表示水泥含量为 C，D，E 与 F 时 4 种骨料中的水泥的均匀度。由图 8-4 可以看出：水泥含量为 20% 的水泥 PVC 共混料在其中某一次的混合试验中，其水泥的均匀度为 0.89，在其他混合试验中，水泥在水泥 PVC 共混物中的均匀度均不小于 0.9，比较接近理论上的完全均匀时的均匀度 1，可以认为制备水泥 PVC 共混挤出骨料时其拌合物混合是均匀的。

8.2.2　水泥含量对水泥 PVC 挤出料密度的影响

用 500 mL 的容量瓶对试验中的 A-F 6 种骨料进行测定。首先将骨料放置在 40 ℃ 的鼓风烘箱中干燥 1 h（在制备骨料过程中不与水接触，经过双螺杆挤出机后骨料已经被加热到 170 ℃ 左右，基本上不含水分）。取 $m_0 = 210$ g（约占 500 mL 容量瓶容积的一半）的骨料。试验的详细步骤见参考文献[151]。

由表 8-1 可以看出：虽然 A 骨料与 B 骨料中均不含水泥，但 A 骨料是破碎料，棱角多，不密实，而 B 骨料密实，其密度大约是 A 骨料密度的 1.13 倍。试验中所使用的 P.C 32.5 水泥的密度为 3.01 g/cm³，比废旧塑料 PVC 电缆皮破碎料（A 骨料）的密度大，理论上讲水泥与 A 骨料混合后密度会增大，试验结果也验证了这一观点。

表 8-1　骨料的密度

骨料类别	水泥含量/%	密度/(g/cm³)
A	0	1.25
B	0	1.414
C	5	1.423
D	10	1.476

表 8-1(续)

骨料类别	水泥含量/%	密度/(g/cm³)
E	15	1.501
F	20	1.537

由图 8-5 可以看出:随着骨料中水泥含量的增加,骨料的密度也随之增大,且密度比值增大的速率(即线的斜率)总体上随着水泥含量的增加有增大的趋势。如水泥含量由 0% 增大到 5% 时,密度比值增大的平均速率为 20.127;水泥含量由 5% 增大到 10% 时,密度比值增大的平均速率为 20.744。这说明当水泥含量较少时整体的密度受水泥影响的影响因子不大,但随着水泥含量的增加,该影响因子虽然也在增大,但是与水泥含量的增加不呈线性关系,而是随着水泥含量的增加该影响因子以一种新的关系快速增大,间接说明了水泥含量增加到一定程度时水泥会极大影响骨料的整体密度。

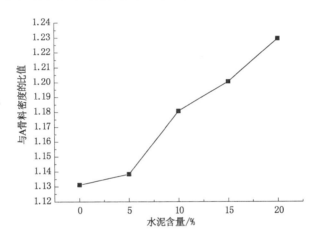

图 8-5　不同水泥含量骨料密度与 A 骨料密度比值

8.2.3　水泥含量对水泥 PVC 挤出料接触角的影响

水泥是无机材料,属于亲水性物质,将蒸馏水滴在平整清洁的水泥表面,水立刻铺展开来。而 PVC 是有机材料,属于疏水性物质,蒸馏水滴在平整清洁的 PVC 塑料表面,其接触角大于 90°(本书中所研究的接触角是液体与固体接触在固体表面形成的夹角)。图 8-6 中 θ_c 为液体与固体形成的接触角,图 8-6 中的接触角小于 90°,可以说明该物质是亲水性的。

取适量 B-F 5 种骨料(A 骨料与 B 骨料成分相同,故略去)加热到 160 ℃,使其软化,然后制成表面平整的薄片,接着用无水乙醇洗涤。待试样表面无水乙醇蒸发完毕进行接触角试验。试验中液体介质为蒸馏水,试验结果如图 8-7 所示。

由图 8-7 可以看出:B 骨料(不含水泥)的接触角为 99°(大于 90°),属于疏水性物质,随着水泥含量的增加,其接触角逐渐降低。其中当水泥含量为 20% 时,F 骨料的接触角减小到 77.5°,虽然与实验室水化 7 d 的水泥薄片的接触角相比还是很大的(蒸馏水平铺到水泥板表面,其接触角为 0°),但是已经使骨料的极性发生了质的变化,使得骨料由疏水性物质

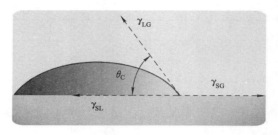

γ_{SL}—固液接触面;γ_{SG}—固气接触面;γ_{LG}—固液接触面。

图 8-6　液体与固体的接触角

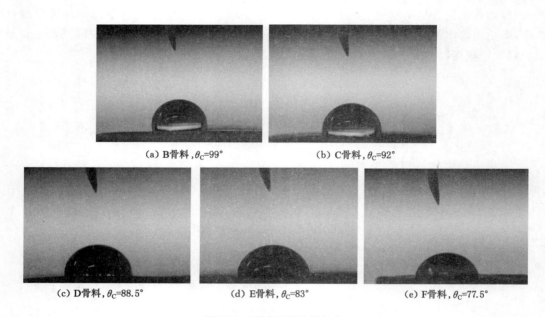

(a) B骨料,θ_C=99°　　(b) C骨料,θ_C=92°

(c) D骨料,θ_C=88.5°　　(d) E骨料,θ_C=83°　　(e) F骨料,θ_C=77.5°

图 8-7　不同骨料的接触角

变为亲水性物质。这说明亲水性的水泥与疏水性的塑料 PVC 混合挤出骨料的极性受二者共同影响,水泥含量达到一定值时骨料的极性由疏水性变为亲水性。

8.2.4　水泥含量对水泥 PVC 挤出料形貌的影响

试验发现:不同水泥含量的 5 种水泥 PVC 共混挤出料的形貌、水泥含量差异越大,骨料形貌差异也越大。为了可以容易辨别其形貌的差异,现在取 B 骨料与 F 骨料进行研究。从图 8-8 和图 8-9 可以明显看出随着水泥含量的增加,圆柱骨料的粗糙程度不断增大:B 圆柱骨料的侧面与底面很光滑,没有坑洼、孔隙等,而 F 圆柱骨料的侧面凹凸不平,底面甚至出现了孔隙,如图 8-10 与图 8-11 所示。

8.2.5　塑料骨料水溶液中自由氯离子的稳定性

由于塑料 PVC 中含有氯元素,而游离态的氯离子对混凝土的耐久性影响很大,因此在一定的条件下探究制备的骨料在一定时间内释放自由氯离子的情况是很有必要的。试验中

图 8-8　B 骨料

图 8-9　F 骨料

图 8-10　B 骨料底部

取 A-F 6 种骨料各 300 g,装入 PET 塑料瓶中,再取适量生石灰(CaO)放入一定量的蒸馏水中搅拌,过一段时间后取其上清液,即饱和的澄清石灰水,然后把制得的饱和澄清石灰水向装有骨料的 PET 瓶中各加 1 000 g,盖紧盖子并标号($A_{0.3}$,$B_{0.3}$,$C_{0.3}$,$D_{0.3}$,$E_{0.3}$,$F_{0.3}$),混合 20 min 后取少量试样液滴到稀硝酸小试管中,然后用滴管向小试管中滴加硝酸酸化的硝酸

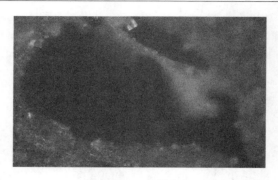

图 8-11　F 骨料底部

银,结果无明显现象。然后盖紧瓶盖室温密封保存,保存 3 d,7 d,28 d,90 d,180 d 时按照上述方法检测溶液中是否含有游离态氯离子。如果有自由氯离子存在,然后用沃尔哈德法测定其氯离子浓度的含量,不同时期内检测氯离子是否存在的试验现象见表 8-2。

表 8-2　不同时期内的试验现象

编号	龄期/d						
	现象						
	3	7	28	60	90	150	180
$A_{0.3}$	—	—	—	—	轻微浑浊	微浑浊	
$B_{0.3}$	—	—	—	—	—	—	—
$C_{0.3}$	—	—	—	—	—	—	—
$D_{0.3}$	—	—	—	—	—	—	轻微浑浊
$E_{0.3}$	—	—	—	—	—	轻微浑浊	
$F_{0.3}$	—	—	—	—	—	微浑浊	

表 8-2 中"—"表示试验中没有明显变化,空白表示没有做氯离子的检测试验。检测到氯离子存在的溶液再用沃尔哈德法进一步测定其氯离子含量。上期检测中已经测得含有氯离子存在于溶液中,在下期检测试验中不再重复检测。由表 8-2 可以看出:骨料 B 与骨料 C 在室温条件下浸泡在饱和石灰水中 180 d,已经检测不到氯离子,废旧 PVC 破碎料经过双螺杆挤出机挤出再造粒后,碱性条件下对氯离子的束缚能力大幅度增强;A 骨料在 90 d 就检测到氯离子的存在,E 骨料、F 骨料 150 d 时检测到氯离子的存在,而 B 骨料、C 骨料浸泡 180 d 时用酸性硝酸银试剂仍然检测不到氯离子的存在。溶液中氯离子的浓度用沃尔哈德法测定,结果见表 8-3。

表 8-3　不同时期的氯离子浓度

编号	90 d 龄期	150 d 龄期	180 d 龄期
$A_{0.3}$	1.6×10^{-3} mol/L	2.9×10^{-3} mol/L	3.6×10^{-3} mol/L
$D_{0.3}$			1.3×10^{-3} mol/L
$E_{0.3}$		1.4×10^{-3} mol/L	2.4×10^{-3} mol/L
$F_{0.3}$		2.1×10^{-3} mol/L	2.7×10^{-3} mol/L

由表 8-3 可求得:A 骨料在 90～150 d 过程中氯离子平均的增长速率为 3×10^{-5} mol/(L·d),在 150～180 d 过程中氯离子的平均增长速率为 2.3×10^{-5} mol/(L·d);E 骨料在 90～150 d 过程中氯离子的平均增长速率为 1.7×10^{-5} mol/(L·d);F 骨料在 90～150 d 过程中氯离子的平均增长速率为 2×10^{-5} mol/(L·d)。由上面的分析数据可知:A 骨料在水中浸泡 150 d 后其释放氯离子的速率开始减小,E 骨料与 F 骨料在 150 d 时检测到氯离子含量,但是其释放氯离子的速率却低于 A 骨料,这进一步说明挤出骨料比直接破碎料对氯离子的束缚能力强。

8.2.6　水泥含量对挤出骨料力学性能的影响

为了尽可能真实地测定水泥含量对挤出骨料力学性能的影响,测定骨料在拉应力作用下的力学性能时直接从双螺杆挤出机排料口取长度 15 cm 的长条骨料。图 8-12 为 15 cm 长的 B 骨料。挤出机挤出的骨料尺寸太小,不适合用 WDW-20 型电子万能试验机做压缩试验,用相同的原料与配方制成直径约 14 mm、高约 20 mm 的圆柱体骨料做压缩试验。图 8-13 为压缩试验所用 B 骨料。

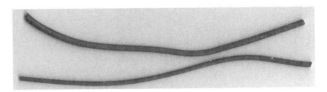

图 8-12　15 cm 长的 B 骨料

图 8-13　压缩试验所用 B 骨料

图 8-13 中的直径约 14 mm、高约 20 mm 的圆柱体骨料用内径 14 mm、外径 20 mm、一端有活动螺帽密封,另一端内径有螺纹的钢管母体与一端有螺纹的铁柱公体在 150 ℃下制备而成。骨料制成之后,待其温度降到室温,取部分试样开始做压缩与拉伸试验。余下试样密封在饱和的澄清石灰水溶液中室温保存 28 d,然后做拉伸试验与压缩试验。在压缩试验中,当轴向应变超过 10％时停止试验。发现压缩后的试样依然可以恢复到原来的状态(半径不变,高度几乎不变),可以认为在压缩试验中骨料处于弹性阶段,产生弹性应变。为了方便数据处理,假设图 8-11 中的骨料在拉伸断裂试验中横截面是恒定不变的(试样断裂时其

断裂端新界面直径大约是原来横截面直径的 75%)。初始标距为 100 mm。

由图 8-14 可以看出:骨料刚制备成型时的弹性模量随水泥含量的变化波动不大(在 14 GPa 上下波动)。在饱和石灰水中浸泡 28 d 之后,总体来说骨料的弹性模量随着水泥含量的增加而增大。特别是水泥含量达到 20% 的骨料浸泡 28 d 之后,其弹性模量大约是浸泡前或相同外界条件下不含水泥骨料的弹性模量的 1.5 倍,在一定程度上可以说明骨料中的水泥已经开始了水化反应。

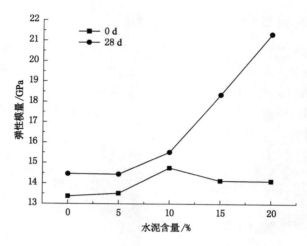

图 8-14　骨料的弹性模量

在骨料的拉伸破碎试验中探究了水泥含量对骨料的断裂伸长率与抗拉强度的影响(其中加载速率为 50 mm/min)。试验结果如图 8-15 与图 8-16 所示。

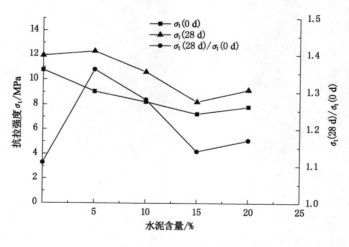

图 8-15　骨料的抗拉强度

由图 8-15 可知:骨料的抗拉强度随着水泥含量的增加而降低,降低的幅度不是很大,例如 σ_t(0 d,水泥 20%):σ_t(0 d,水泥 0%)≈72.3%。随着骨料在饱和石灰水中浸泡时间的增加,其抗拉强度比率曲线均在 1 上方,说明其抗拉强度有所增大,但增大的幅度很小,均在 1.4 之下。由图 8-16 可以看出:骨料的断裂伸长率随着水泥含量的增加和在饱和石灰水中

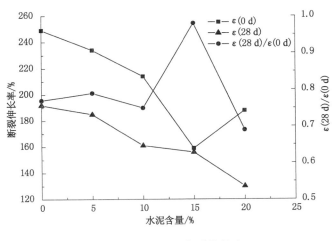

图 8-16　骨料的断裂伸长率

养护时间的增加均下降,水泥含量的增加使得骨料中塑料 PVC 的含量下降,直接导致骨料延展性下降,使得其断裂伸长率降低。而在澄清石灰水中养护时间的增加会对塑料本体产生降解作用,或水泥水化使骨料自身变硬进而导致其断裂伸长率减小。即便断裂伸长率有所下降,但仍在 120% 以上。

8.3　本章小结

本章简要说明试验中所用骨料的制备过程,讲述了均匀度的概念以及用其表示骨料中水泥混合均匀性的方法,并研究了不同骨料的一些基本属性,得到如下结论:

（1）创新性地使用均匀度表示骨料中水泥混合的均匀程度,试验中水泥的最高均匀度大于 0.96,很接近完全均匀度 1。

（2）水泥的添加可以提高挤出共混料的密度。如 F 骨料（水泥含量为 20%）的密度大约是 A 骨料的 1.23 倍。

（3）骨料的接触角随着水泥含量的增加而减小:不含水泥的挤出料 B 骨料的接触角为 99°,B 骨料表现疏水性;水泥含量为 20% 的 F 骨料的接触角为 77.5°,F 骨料表现出亲水性。

（4）挤出骨料的形貌粗糙程度随着水泥含量的增加而增大。

（5）骨料经造粒机再次造粒后其束缚氯离子的能力有所增强。

（6）经饱和石灰水养护 28 d,骨料的弹性模量随水泥含量的增加而显著增大。

9 塑料骨料对砂浆基本性能的影响

9.1 引言

本章中砂浆的基本性能包括流动性能和力学性能等。塑料质轻,有韧性,属于疏水性物质,与天然骨料砂石的属性大相径庭,加入塑料一定会影响砂浆的基本属性。多数文献资料表明:随着塑料骨料含量的增加,混凝土的抗压强度、抗折强度下降的趋势较快。为此探究制备 C、D、E、F 4 种骨料,各种骨料的制备、成分及其基本性能在第 8 章中已经详细说明,本章探究挤出骨料对砂浆工作性能和力学性能的影响。

9.2 塑料骨料对砂浆性能的影响

砂浆的配合比见表 9-1。

表 9-1 砂浆的配合比

材料用量/(kg/m³)				水灰比
砂	水	水泥	减水剂	
1 595	207	531	2.21	0.389

试验中分别用 A-F 骨料等体积取代砂,取代量分别为 5%、10%、20%、30%、50%。其中空白浆试样号为 M-0%;含有塑料骨料的砂浆试样号为 MI-n%,I＝A,B,C,D,E,F;n＝5,10,20,30 与 50。

9.2.1 不同塑料骨料对砂浆流动性能的影响

本试验采用跳桌法利用其扩散直径表征砂浆的流动性。试验中跳桌的同步电机的转速为 60 r/min,以胶砂流动度测定仪在(25±1) s 范围内完成 25 次上下跳动。试验结果如图 9-1 所示。

由图 9-1 可以看出:经双螺杆挤出机造粒后制得的 B-F 5 种物料对砂浆的流动性能的影响基本上是一致的,即砂浆的流动性能随着这 5 种骨料含量的增加而增强,且增强的速率随着骨料含量的增加而加快[其中含有 MF 砂浆 F 骨料含量较少时([0%,5%]),其流动性随着骨料的增加略有下降],其中掺加 B 骨料砂浆的扩散直径增长得最快,$D_{MB-70\%} : D_{M-0\%} \approx 172\%$。A 骨料对砂浆流动性能的影响为:当骨料含量较少时,砂浆的流动度随着骨料含量的增加略微增大,当骨料含量超过某一定值之后砂浆的流动性开始随着骨料含量的增加而

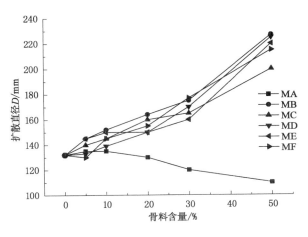

图 9-1　砂浆流动性与骨料含量的关系曲线

下降(本试验中该定值为 5%)。出现上述现象可能是因为 F 骨料表面比较粗糙,两底面含有各种深度与半径不同的孔隙,且 F 骨料表面表现出亲水性,当 F 骨料含量较少时引入多余的自由水部分被 F 骨料表面的孔隙吸收,从而导致砂浆流动性下降,当 F 骨料含量增加到一定值之后(本试验为 5%),引入多余的自由水的量远超过骨料自身吸收自由水的量,故使得砂浆的流动性随着骨料的增加而增强。A 骨料为破碎料,棱角多,孔隙多,比较容易束缚自由水,砂浆内部摩擦力增大,最终的结果是砂浆 MA 的流动性能随着 A 骨料的增加而下降。

9.2.2　不同塑料骨料对硬化砂浆表观密度的影响

制备的 70 mm×70 mm×70 mm 立方体砂浆试块 1 d 后脱模,在实验室中养护 28 d,然后在鼓风干燥箱中 60 ℃保温 24 h,之后称取其质量并计算出不同骨料不同含量砂浆的表观密度,具体结果如图 9-2 所示。

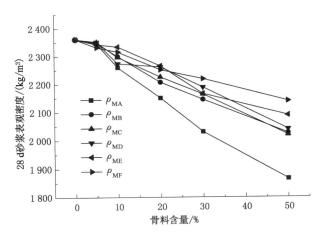

图 9-2　不同骨料含量与硬化砂浆表观密度的关系曲线

由图 9-2 可以看出：28 d 硬化砂浆的表观密度随着塑料骨料的增加而下降。其中破碎塑料骨料砂浆 MA 的表观密度下降的幅度最大，其中 $\rho_{MA-50\%} : \rho_{M-0\%} \approx 79\%$。同塑料骨料掺量的挤出共混骨料砂浆 MF 与破碎塑料骨料砂浆 MA 相比，其密度有所增大，如 $\rho_{MF-50\%} : \rho_{MA-50\%} \approx 115\%$，破碎 A 骨料使得硬化砂浆表观密度明显降低的原因有两个：① 在 6 种塑料骨料中破碎 A 骨料的密度最小，其表观密度比砂表观密度的一半还要小；② 破碎 A 骨料形状不规则，棱角多，在砂浆中很容易团聚，砂浆硬化后在破碎 A 骨料之间会留下多余的孔隙。而 F 骨料的表观密度比 A 骨料的大，形状规则，棱角少，表面亲水性，水泥更容易与之结合，砂浆硬化后 F 骨料与水泥石之间的孔隙小，使得 F 骨料对砂浆的表观密度的影响没有破碎 A 骨料对砂浆的表观密度的影响显著。

9.2.3 不同塑料骨料对硬化砂浆抗压性能的影响

在研究不同骨料和含量对砂浆抗压性能的影响试验中采取的试块尺寸为 40 mm×40 mm×40 mm，为非标准试块（仅作对比用）。其抗压强度按式（9-1）计算。

$$\sigma_c = \frac{F}{A} \cdot K \tag{9-1}$$

式中，F 为破坏载荷，N；A 为试件受力面积，mm^2；$K=1.3$；f_m 为试块的抗压强度。

试验结果如图 9-3 至图 9-5 所示。

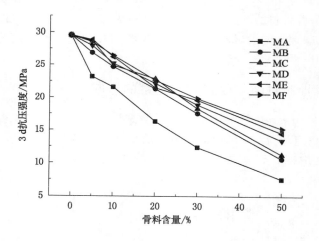

图 9-3　不同骨料含量与 3 d 抗压强度的关系曲线

图 9-3、图 9-4 与图 9-5 分别展示了龄期为 3 d、7 d 与 28 d 砂浆抗压强度随骨料含量增加的变化趋势。总体来讲，骨料对砂浆强度的影响与对混凝土抗压强度的影响类似：其抗压强度随着骨料含量的增加而减小，其中破碎骨料的添加使砂浆抗压强度的损失程度最大；当骨料含量相等时，PVC 破碎料与水泥共混造粒后制得的 C、D、E、F 4 种骨料与纯 PVC 破碎料造粒成型的 B 骨料相比其抗压强度有所提高，3 个不同时期内抗压强度随骨料含量增加的变化趋势相近，现在仅对图 9-4 中龄期 7 d 抗压强度与骨料含量关系曲线进行说明。

图 9-6 从总体上清楚反映了 PVC 与水泥共混造粒制得的骨料与纯 PVC 破碎料造粒制得的骨料的对比情况。当骨料含量相等时，含 C、D、E、F 骨料的砂浆抗压强度比含 B 骨料砂浆的抗压强度大，且随着骨料含量的增加，差值越来越大。当骨料含量为 50% 时，含 F 骨

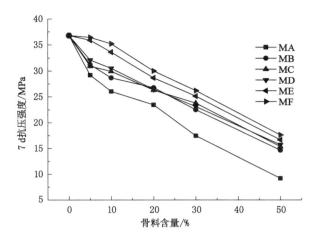

图 9-4　不同骨料含量与 7 d 抗压强度的关系曲线

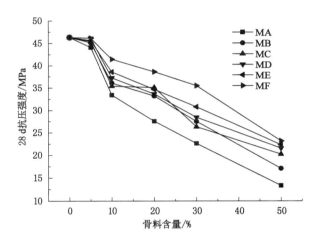

图 9-5　不同骨料含量与 28 d 抗压强度的关系曲线

料的砂浆抗压强度已经超过含 B 骨料砂浆抗压强度的 1.35 倍（$\sigma_{cMF\text{-}50\%} : \sigma_{cMB\text{-}50\%} > 1.35$）。此外还可以看出：在众多骨料中 A 骨料使砂浆的抗压强度损伤最严重，如 $\sigma_{cMA\text{-}50m\%} : \sigma_{cMB50mc} < 0.8$。此处引入强度损伤系数 SD，SD $= 1 - P_1/P_N$，P_1 为添加轻骨料时测得的强度，P_N 为未添加轻骨料时测得的强度。相同骨料含量时含有 MA 砂浆试样的强度损伤系数 SD 最大。其中 $SD_{MA\text{-}50\%} \approx 59.7\%$。

9.2.4　不同塑料骨料对硬化砂浆抗折性能的影响

根据表 9-1 中的配合比拌制尺寸为 40 mm×40 mm×160 mm 的砂浆，进行实验室养护，分别进行 3 d、7 d、28 d 的抗折强度试验。抗折强度按照式（9-2）计算。

$$\sigma_{f} = \frac{3P_{b}l}{2bh^{2}} \tag{9-2}$$

式中，P_b 为试件破坏荷载，N；l 为跨距，mm；b 为试件宽度，mm；h 为试件厚度，mm。

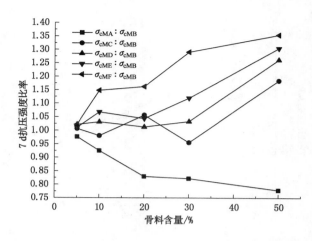

图 9-6　不同骨料含量与砂浆 7 d 抗压强度比的关系曲线

　　试验发现:骨料对砂浆抗折强度的影响与对砂浆抗压强度的影响类似,整体来看 3 个不同时期内砂浆的抗折强度均随着骨料含量的增加而减小,但含不同种类骨料的砂浆抗折强度随着骨料含量增加的下降速度不同,其中含 F 骨料的砂浆抗折强度的下降速度最缓慢。此处仅对龄期 28 d 砂浆试样的抗折强度进行详细说明,其中图 9-7 为 28 d 砂浆抗折强度结果。

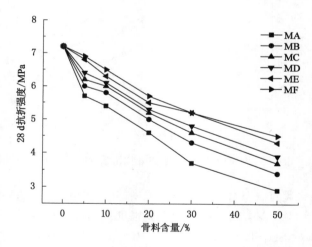

图 9-7　砂浆 28 d 抗折强度与骨料含量的关系曲线

　　由图 9-7 可知:当砂浆中不含轻骨料时(本书中专指制备的 A-F 6 种骨料),M-0％砂浆试样的 28 d 抗折强度大于 7 MPa。随着轻骨料含量的增加,砂浆的抗折强度开始下降,其中对砂浆抗折强度损害最大的是 A 骨料,当 A 骨料含量为 50％时,砂浆的抗折强度仅约为不含轻骨料砂浆抗折强度的 40％($\sigma_{fMA-50\%} : \sigma_{fM-0\%} \approx 40\%$)。当挤出骨料含量一定时,砂浆的抗折强度随着骨料中水泥含量的增加而增大,其中 $\sigma_{fMF-50\%} : \sigma_{fMB-0\%} \approx 133\%$。

　　挠度是指受弯构件由于荷载作用而弯曲从而在垂直于其轴线方向上产生的位移。并把三点弯曲试验中砂浆试件断裂时产生的挠度简称极限挠度 Y_m。

在抗折试验中同样发现了一个规律：整体来讲砂浆受到切应力作用而产生切应变，当砂浆所承受的切应力达到试件的破坏荷载时，试件产生的极限挠度 Y_m 随着骨料含量的增加而增大。具体试验数据如图 9-8 所示。

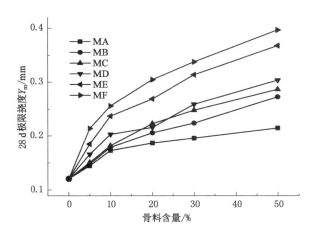

图 9-8　砂浆 28 d 极限挠度 Y_m 与不同骨料含量的关系曲线

图 9-8 直观说明了砂浆的极限挠度随着骨料含量的增加而增大，这在一定程度上表明韧性轻骨料的加入确实可以提高砂浆的韧性，水泥与 PVC 共混后再造粒成型的骨料与水泥石之间的黏结效果有所改善，从某种意义上讲改善了砂浆质脆的缺点。A 骨料对砂浆韧性的改善效果最差，极限挠度随着骨料含量增加而增大的速率在所做试验中最小，$Y_{MA-50\%}:Y_{0m}<1.8$；B 骨料的改善效果次之，$Y_{MB-50\%}:Y_{M-0\%}\approx2.3$；F 骨料的改善效果最佳，$Y_{MF-50\%}:Y_{M-0\%}\approx3.3$，$Y_{MF-50\%}:Y_{MB-50\%}\approx1.46$。

9.2.5　不同塑料骨料与水泥石的界面结合

将水灰比为 0.3 的水泥净浆制备好之后置于直径 20 mm、高 10 m 的一段密闭的圆柱筒内，振动使之内部气泡移除，再依次把 B 骨料与 F 骨料慢慢竖直插入水泥净浆中，其中骨料的一端面暴露在空气中，再微振圆柱筒，使骨料侧面与净浆充分结合，养护 1 d 后脱模，然后在水中养护 28 d，之后在鼓风干燥箱中 35 ℃干燥 1 h，最后用 DMM-480C 倒置金相显微镜观察骨料与水泥石的结合情况。图 9-9、图 9-10 为试验结果。

由图 9-9 可知：B 骨料与水泥石之间的界面有明显的间隙，其中灰色区域就是界面之间的间隙。而在图 9-10 中 F 骨料与水泥石之间的结合比较好，界面间隙不明显，F 骨料与水泥石之间的分界线没有图 9-9 中 B 骨料与水泥石之间的分界线明显，从界面间隙与界面分界线两个方面可以看出 F 骨料与水泥石之间的界面结合比 B 骨料与水泥石之间的界面结合要好，这也在一定程度上说明了 MF 砂浆试件的力学性能强于 MB 砂浆的力学性能。

9.2.6　不同塑料骨料在砂浆中的分布均匀度

为了研究塑料骨料在砂浆中的均匀分布情况，以 28 d 抗折试验后骨料含量为 50% 时试件断面的骨料分布状况为研究对象（由于 A 骨料在断面上的分布颗粒数不容易得出，此处

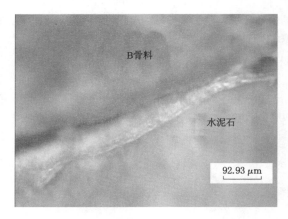

图 9-9　B 骨料与水泥石界面

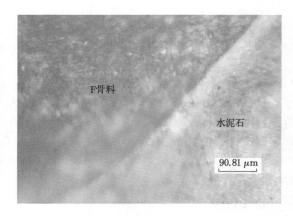

图 9-10　F 骨料与水泥石界面

仅对 B-F 5 种骨料在硬化砂浆中的分布情况进行研究），采用"均匀度"表示骨料在硬化砂浆中的混合分布情况。试件断面为 40 mm×40 mm 的方形，取两组对边的中线为分界线，将断面分为 4 个区(a,b,c,d)，如图 9-11(a)所示。

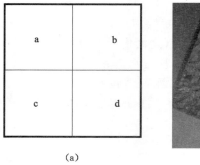

(a)

(b)

图 9-11　砂浆截面图

　　图 9-11(b)为 B 骨料掺量为 50%时的试件做完抗折试验后的截面图。图中有一些比较光滑的圆形小凹坑,为 B 骨料移除后留下来的,B 骨料在另一半试件的截面中。

　　计算出 4 个区域中骨料的颗粒数量 n_a,n_b,n_c,n_d,其中每一个区域的面积 $s=400~\text{mm}^2$,断面总面积 $S=1~600~\text{mm}^2$。每一个区域中单位面积内骨料数 $N_i=n_i/s(i=a,b,c,d)$。总断面单位面积骨料数 $N=(n_a+n_b+n_c+n_d)/S$。骨料在硬化砂浆中的均匀度 $J_i(i=B,C,D,F)$ 用式(9-3)表示。

$$J_i = 1 - \frac{(N-n_a)^2 + (N-n_b)^2 + (N-n_c)^2 + (N-n_d)^2}{4N^2} \tag{9-3}$$

试验结果如图 9-12 所示。

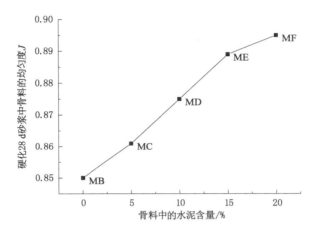

图 9-12　砂浆中不同骨料的均匀度

　　由图 9-12 可以看出:随着骨料中水泥含量的增加,骨料在砂浆中的均匀度增大,当骨料中水泥含量从 15%增至 20%过程中均匀度上升的速率与初始上升速率相比有所下降。水泥的添加使得骨料的密度增大(由表 8-1 可得),使得与天然骨料(砂)的密度之间的差值减小,两种骨料密度差值的减小使得在拌制砂浆时两种骨料更容易均匀混合在一起,进而使得随着骨料中水泥含量的增加,骨料在砂浆中分布的均匀程度增大。

9.3　本章小结

　　本章主要研究了不同骨料、不同掺量对砂浆基本性能的影响,主要结论如下:

　　(1) 砂浆的扩散直径随着挤出骨料含量的增加而增大,其中 $D_{MB-70\%}:D_{M-0\%}\approx 172\%$,其数值随着破碎骨料含量的增加先微增大,到达最大值后再减小。

　　(2) 硬化砂浆的表观密度随着塑料骨料含量的增加而减小。其中破碎 A 骨料对硬化砂浆表观密度的影响最显著。

　　(3) 当骨料含量相等时砂浆的抗压强度、抗折强度随着骨料中水泥含量的增加而增大。其中 $\sigma_{cMF-50\%}:\sigma_{cMB-50\%}>1.35$(7 d 抗压强度比),$\sigma_{fMF-50\%}:\sigma_{fMB-50\%}\approx 133\%$(28 d 抗折强度比)。随着骨料含量的增加,破碎 A 骨料对砂浆强度的损伤最严重,其中破碎 A 骨料含量 50%,在实验室中养护 7 d 后 MA 的抗压强度损伤系数 $SD_{MA-50\%}\approx 59.7\%$。

（4）砂浆的极限挠度随着骨料含量的增加而增大，随着骨料中水泥含量的增加而增大。其中 $Y_{MF-50\%}:Y_{M-0\%}\approx3.3$，$Y_{MF-50\%}:Y_{MB-50\%}\approx146\%$。

（5）F 骨料与水泥石之间的界面结合强于 B 骨料与水泥石之间的界面结合。

（6）硬化砂浆中骨料的分布均匀度随着骨料中水泥含量的增加而增大，由图 9-12 可知 $J_F>0.895$。

10　塑料骨料对硬化砂浆导热系数的影响

10.1　引言

现今节能越来越受到关注,同时对住房的舒适度要求也越来越高。研究表明[147]:建筑物消耗的能量有 30%～50% 都是经四壁及顶部散失掉的,因此加强房屋顶部及四壁的隔热保温是建筑物节约能源的有力方案,目前市场上的保温砂浆大体上分为两大类:无机保温砂浆(如珍珠岩保温砂浆)与有机保温砂浆(胶粉聚苯保温砂浆)。利用废旧塑料较低的导热性,将其加入砂浆中从而降低导热系数以制备新型保温砂浆的研究尚未见报道。本章主要研究加入砂浆中的废旧 PVC 骨料对砂浆导热系数的影响。

10.2　导热系数的测定原理

热能的传递有热传导传热、热对流传热与热辐射传热三种基本方式。其中热对流传热仅发生于有流体存在的系统中,本试验研究对象是硬化 28 d 的砂浆板,故不发生对流传热。自然界中各个物体都在不断与周围环境发生热辐射,没有介质的限制,即便是真空,热辐射依然可以进行。当物体与周围环境温度相同时,热辐射处于动态平衡,即辐射出的热量与接收环境给予的辐射热量相等。本书研究的是制备的轻骨料对砂浆导热系数的影响,导热系数为热传导过程的专用名词,此处仅对导热原理进行简要分析。

若物体内部各部分没有发生宏观上的相对移动,各个质点间的相对位移保持不变,仅通过原子、分子以及自由电子等微观粒子的热运动进行热能的传递称为热传导。

如图 10-1 所示,假设 A 表面与其对面温度分布均匀,两表面之间的温差不随时间变化,即温度 T 仅沿 x 轴发生变化,与 x 轴垂直的平面为等温面。根据傅立叶定律可得到单位时间内通过该表面的热量 $\varPhi$ 与温度沿 x 轴的变化率和与 x 轴垂直的平面面积 A 成正比,即

$$\varPhi = -\lambda A \frac{\mathrm{d}T}{\mathrm{d}x} \tag{10-1}$$

式中,λ 为比例系数,又称为导热系数,W/(m·K);A 为与 x 轴方向垂直的表面面积,m²;$\varPhi$ 为通过的热量,W;负号表示热量的传播方向与温度的上升方向相反。

式(10-1)两边同时除以传热面积 A,等式左边写为 $q=\varPhi/A$,为热流密度,式(10-1)还可以写为:

$$q = \frac{\varPhi}{A} = -\lambda \frac{\mathrm{d}T}{\mathrm{d}x} \tag{10-2}$$

式(10-1)与式(10-2)被称为一维稳态导热时的傅立叶定律。

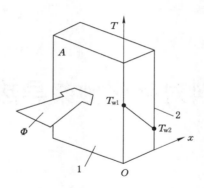

1,2—相对的 2 个等温面；T_{w1}，T_{w2}——2 个等温面的温度。

图 10-1 平板的一维导热

导热系数的测定方法比较多，总体可以分为稳态测量法与动态测量法两大类。前者主要包括热流法、护热流法与护热板法；后者主要包括热线法、激光散射法。采用稳态法中的护热平板法，利用 DRH-Ⅲ 导热系数测试仪测定砂浆板的导热系数。

本试验中假定砂浆板是均质的、连续的，上表面为平整的厚度为 L 的板，且其导热系数是常数，不随温度、厚度的变化而变化。测定砂浆板的导热系数时与热板、冷板接触的两个对面表面的温度是恒定的，分别设为 T_1，T_2（$T_1 > T_2$），因此两个表面之间的温差 $\Delta t = T_1 - T_2$ 也是不变的，这两个平行对面表面之间温度在这两个表面的法线方向上是线性分布的，即

$$\frac{\mathrm{d}^2 T}{\mathrm{d}^2 x} = 0 \tag{10-3}$$

对式（10-3）进行两次积分，得到通解如下：

$$T = Cx + C_1 \tag{10-4}$$

式中，C，C_1 为积分常量，将已知条件 $x=0$ 时 $T=T_1$，$x=L$ 时 $T=T_2$，代入式（10-4）求得 C 和 C_1，最终温度沿 x 轴方向的分布为

$$T = \frac{T_2 - T_1}{L}x + T_1 \tag{10-5}$$

由式（10-4）可得：

$$\frac{\mathrm{d}T}{\mathrm{d}x} = \frac{T_2 - T_1}{L} \tag{10-6}$$

将式（10-4）代入式（10-2）得：

$$q = \lambda \frac{T_1 - T_2}{L} = \lambda \frac{\Delta T}{L} \tag{10-7}$$

由式（10-7）可得：

$$\lambda = \frac{qL}{\Delta T} = \frac{UIL}{A \Delta T} \tag{10-8}$$

式中，U 为热板热电压，V；I 为热板热电流，A；A 为试件的有效受热面积，m^2；L 为试件厚度，m。

护热平板法测定材料的导热系数就是系统达到稳态时将测得的 U、I、L 与 A 代入式（10-8）计算得到的。

10.3　模具设计及试样成型

用护热板测定材料的导热系数要求试样的尺寸为 200 mm×200 mm×(5~20 mm)。实验室没有专门的模具，为此自己设计模具结构再经校工厂用钢板材料加工组装。选用钢板而不用塑料做模具是因为制样过程中需要振动，各部分之间要有力，对底部的光滑度要求高，若用塑料制作，使用一段时间后可能会产生脱毛现象，导致制得的砂浆表面不光滑。

图 10-2 是用 UG8.0 软件绘制的导热模具的主体图，模具的内部空腔尺寸为 200 mm×200 mm×15 mm，图中黑色螺纹处表示需要用螺帽固定，其中 4 个竖直方向的固定杆与底座固定成一个整体。模具四壁及横向固定杆是单独体，可以卸下来。各个单独体如图 10-3 所示。

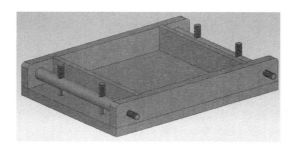

图 10-2　导热模具

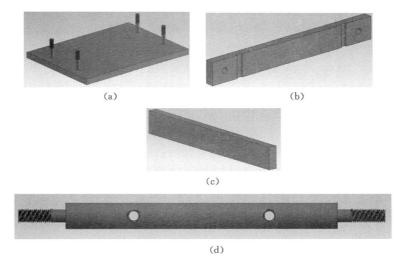

图 10-3　导热模具局部

图 10-2 为模具的主体部分，模具还配备了一块钢板作为模具的封盖，整个模具的内腔尺寸在制作模具时要求误差在 3 mm 以内。模具的底部平面、四壁的上表面与封盖的下表面采用抛光工艺处理，保证封盖放在模具上时四周用肉眼看不到孔隙。这样做的目的是尽可能保证制作出来的砂浆板上下表面是光滑的，每块砂浆板的厚度尽可能一致。

砂浆的配合比与第 8 章砂浆的配合比相同，此处不再陈述。砂浆拌制完成后，向上述模具中添加空腔容积 2/3 左右的砂浆,放在振动台上振动 30 s,之后添加砂浆直至砂浆从周围四壁少量溢出后停止振动,并擦去模具周围四壁残余的砂浆,尤其是四壁的上表面要保证其清洁,肉眼从前后左右四个方向水平观察砂浆上表面,感觉平整时小心地将模具放在水平台上养护24 h,然后取出试样。若觉得上表面比较粗糙(如骨料含量多时),使封盖的一边以一定的角度与模具的上表面边缘接触,缓慢放平封盖,最后用橡胶锤以适当的力度敲打封盖,四周有水滴溢出后再继续敲击 20 余次。最后小心地将模具放在水平台上养护 24 h,然后脱模取出试样。

10.4　导热系数的测定

试样脱模后进行实验室养护 28 d,之后在鼓风干燥箱中 60 ℃干燥 5 h,确保制作的每块砂浆板不含自由水或含水率接近,避免让人误解砂浆板导热系数的变化可能是砂浆板中水分含量不等引起的。

导热系数的测定步骤为:

(1)打开冷却水水阀,使冷却水流经仪器。首先打开冷却水水阀的目的是使仪器中冷板的温度尽快与冷却水的温度一致,节约试验所需时间。

(2)由于试验前厂家技术人员已经把通信端口中的各类参数设置完成,故打开仪器电源开关后就可以直接运行 DRH 导热系数测试软件。

(3)取得干燥后的砂浆板后挑选上下表面平整的试样进行导热系数的测定,首先用游标卡尺量砂浆板四角附近的厚度,并取其算术平均值为该砂浆板的厚度。将试样放在导热系数测定仪的冷热板之间前先在砂浆板的上下表面均匀涂一层薄薄的导热硅脂,使砂浆板的上下表面与导热系数测定仪的冷热板可以充分接触,尽可能减小接触热阻,尽最大能力求取比较接近于砂浆真实的导热系数。砂浆板上下表面涂上一层薄薄的导热硅脂后再小心翼翼地将砂浆板放在冷热板之间的冷板中心位置附近,接着慢慢旋下热板,并压紧试样。最后用透明的有机玻璃防风罩将热板、冷板与外界空气隔离,避免测试过程中空气的流动影响热板、砂浆板与冷板之间的热量传递,进而影响砂浆板导热系数的测定。

(4)在电脑屏幕上 DRH 导热系数测试软件界面中的冷板温度控制框中输入冷板温度,稳定时测定仪窗口显示冷板温度,按"确认设置"进行确定,再按"制冷启动键",保证冷板温度不再发生变化。接着在热板温度控制框中输入比冷板温度控制框中的温度高 20 ℃的温度,这样做的目的是保证热平衡时冷热板之间的温差为 20 ℃,按"确认设置"确定,再按"加热启动键",将护热板升温至设定的温度;接着将测得的砂浆板的厚度输入试样厚度窗口中,按"确认"进行确定。

(5)最后按软件界面右下方的"自动测试",仪器自动进入测试状态,测试完毕会自动弹出测试报告。

添加到砂浆中的骨料可以有效改变砂浆的导热系数,这在绝大程度上是因为制备的塑料骨料导热系数小。在含废旧 PVC 骨料的砂浆中对导热系数起决定性作用的应该是塑料,因此本试验主要研究添加 B 骨料、F 骨料对砂浆导热系数的影响,而其他骨料对砂浆导热系数的影响与 B 骨料、F 骨料对砂浆导热系数的影响相比变化不大,因此本章暂不研究。

图 10-4 为试验测得的空白砂浆板的导热系数生成报告。由此图可得到空白砂浆的导热系数为

$$\lambda_{\text{M-0\%}} = (1.586\ 6 + 1.589\ 2 + 1.597\ 8)/3 \approx 1.591\ 2\ [\text{W}/(\text{m} \cdot \text{K})]$$

导热系数测试结果报告										
送检单位				试样类别			试样名称			
检测仪器	DRH-Ⅲ导热系数仪			环境温度			环境湿度			
传热面积	100×100（mm）			检测日期			测试员			
序号	平均温度/℃	热面温度/℃	冷面温度/℃	量护温差/℃	量热电流/A	量热电压/V	量热功率/W	试样厚度/mm	试样热阻/(km²/W)	导热系数/[W/(m·K)]	时间
1	25.86	35.17	16.56	−0.03	0.671 4	27.488 3	18.454 5	16.00	0.010 084	1.586 6	12：43：55
2	25.85	35.14	16.56	−0.02	0.671 4	27.488 3	18.454 8	16.00	0.010 068	1.589 2	12：48：56
3	25.90	35.14	16.66	−0.03	0.671 4	27.488 3	18.454 8	16.00	0.010 014	1.597 8	12：53：57

图 10-4 空白砂浆的导热系数测试结果报告

图 10-5 总结了试验测得的空白砂浆试样 M-0％，MB 与 MF 砂浆试样的导热系数。

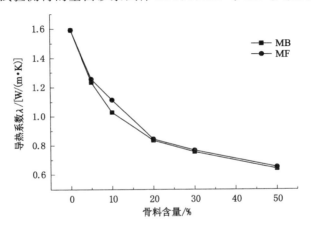

图 10-5 砂浆导热系数与骨料含量的关系曲线

10.5 试验结果分析

由图 10-5 可以看出：砂浆的导热系数随着骨料含量的增加而下降，其中 $\lambda_{\text{MB-50\%}}/\lambda_{\text{M-0\%}} \approx$ 40％，$\lambda_{\text{MF-50\%}}/\lambda_{\text{M-0\%}} \approx 41\%$。且骨料含量相同时含 B 骨料的砂浆导热系数比含 F 骨料砂浆的导热系数略高。由图 10-5 还可以看出：当骨料含量在[0％，10％]区间内时砂浆板的导热系数随着骨料的增加，下降的平均速率 a 的绝对值 $|a|$ 较大，$|a|_{\text{B}}^{0\sim10\%} \approx 5.625 \times 10^{-2}$ W/(m·K)，$|a|_{\text{F}}^{0\sim10\%} \approx 4.766 \times 10^{-2}$ W/(m·K)，之后 $|a|$ 随着骨料含量的继续增加开始变得越来越小，如骨料含量在[20％，50％]范围内时，含 B 骨料与 F 骨料砂浆的 $|a|$ 分别为：$|a|_{\text{B}}^{20\%\sim50\%} \approx$ 6.443×10⁻³ W/(m·K)，$|a|_{\text{F}}^{20\%\sim50\%} \approx 6.340 \times 10^{-3}$ W/(m·K)。

出现上述现象的主要原因是塑料的导热系数小。其中纯 PVC 塑料的导热系数 $\lambda_{\text{PVC}} \approx$ 0.14 W/(m·K)。还有就是，引入塑料骨料的同时与不含骨料的砂浆相比会引入多余的自由水,多余的自由水从砂浆中散失后会在砂浆中留下微小气泡,而空气的导热系数更低$[\lambda_{air} \approx 0.024\ \mathrm{W/(m \cdot K)}]$,其数量级为$10^{-2}$。

假设不含轻骨料砂浆为均质单相物质 M,其导热性能各向同性。制备的骨料用 G 表示,假定 G 的导热性也是各向同性的。把添加轻骨料的砂浆板视为由 M、G 两相物质组成的混合体,且该混合体中相与相之间是充分接触的,当热量传递时在界面之间不产生接触热阻,设其导热系数分别为λ_M、λ_G。若 M、G 两相是简单地沿着热流方向串联分布,其结构如图 10-6 所示。

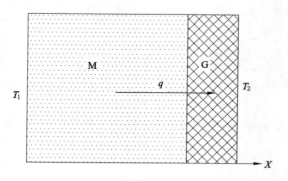

图 10-6　串联模型

设 M 与 G 界面处的温度为T_3,由式(10-6)可得$L\varphi_M/\lambda_M = (T_1 - T_3)/q$,$L\varphi_G/\lambda_G = (T_3 - T_2)/q$,其中$\varphi_M$,$\varphi_M$为二相物质所占的体积分数。模型中沿热流传播方向的垂直截面的面积是相等的,均是A,设其中一种相材所占体积为V_i,总体积为V,$V_i = V\varphi_i$,总厚度$L = V/A$,某一相材的厚度$L_i = V_i/A = V\varphi_i/A = L\varphi_i$。

将$L\varphi_M/\lambda_M = (T_1 - T_3)/q$,$L\varphi_G/\lambda_G = (T_3 - T_2)/q$相加得:

$$L\varphi_M/\lambda_M + L\varphi_G/\lambda_G = (T_1 - T_2)/q \tag{10-9}$$

设该混合体的平均导热系数为λ_s,则由式(10-7)与式(10-9)可得:

$$\varphi_M/\lambda_M + \varphi_G/\lambda_G = 1/\lambda_s \tag{10-10}$$

因此有:

$$\lambda_s = \frac{\lambda_M \lambda_G}{\varphi_M \lambda_G + \varphi_G \lambda_M} \tag{10-11}$$

若 M,G 两相是简单地沿着热流方向并联分布,其结构如图 10-7 所示。

设沿热流方向试样的厚度为L,通过 M、G 相材料的热流密度分别为q_M、q_G,在热流方向垂直面的截面面积分别为A_M、A_G,总截面面积为A,则有:

$$\begin{cases} A_M = V_M/L = V\varphi_M/L \\ A_G = V_G/L = V\varphi_G/L \\ A = V/L \end{cases}$$

根据总热流量保持不变可得$A_M \cdot q_M + A_G \cdot q_G = Aq$,对此式整理可得式(10-12)。

$$q_M \varphi_M + q_G \varphi_G = q \tag{10-12}$$

根据式(10-6)可得:

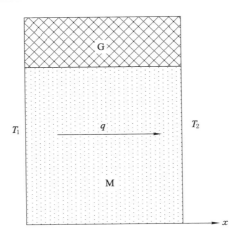

图 10-7　并联模型

$$\begin{cases} q_{\text{M}} = \lambda_{\text{M}} \dfrac{T_1 - T_2}{L} \\ q_{\text{G}} = \lambda_{\text{G}} \dfrac{T_1 - T_2}{L} \end{cases}$$

将 q_{M}、q_{G} 代入式(10-12)可得：

$$q = \lambda_{\text{M}} \frac{T_1 - T_2}{L} \varphi_{\text{M}} + \lambda_{\text{G}} \frac{T_1 - T_2}{L} \varphi_{\text{G}} \qquad (10\text{-}13)$$

设此情况下该混合体的平均导热系数为 λ_{P}，根据式(10-7)和式(10-13)可得：

$$\lambda_{\text{P}} = \lambda_{\text{M}} \varphi_{\text{M}} + \lambda_{\text{G}} \varphi_{\text{G}} \qquad (10\text{-}14)$$

由试验及查阅资料可知：$\lambda_{\text{M}} \approx 1.591\ 2\ \text{W/(m · K)}$，$\lambda_{\text{G}} \approx 0.14\ \text{W/(m · K)}$，可以理解为 $\lambda_{\text{M}} \gg \lambda_{\text{G}}$，且对于砂浆板来说 $\varphi_{\text{M}} \gg \varphi_{\text{G}}$。故对式(10-13)可以进行简单的简化：$\lambda_{\text{P}} \approx \lambda_{\text{M}} \varphi_{\text{M}}$。

水泥颗粒很小，适量水泥与砂混合后水泥均匀分布在砂颗粒之间的空隙中(拌制砂浆时向一定质量的砂中添加一定质量的水泥，水泥与砂的体积之和等于砂的体积)，如图 10-8(b)所示，$V_{砂+水泥} = V_{砂}$，设制备砂浆时砂的堆积密度为紧堆积密度与松散堆积密度的平均值，即 $(1.63 + 1.51) \times 10^3/2 = 1.57 \times 10^3 (\text{kg/m}^3)$(试验测得砂紧堆积密度为 $1.63 \times 10^3\ \text{kg/m}^3$，松散堆积密度为 $1.51 \times 10^3\ \text{kg/m}^3$)。制备的骨料的单体积远大于单个砂粒的体积，当骨料与砂混合时砂包围骨料，故认为骨料与砂混合后的总体积为二者体积之和，即 $V_{砂+骨料} = V_{砂} + V_{骨料}$ [图 10-7(c)]。根据上面的分析可计算出不同骨料不同含量时的 φ_{M} 与 φ_{G}，具体结果见表 10-1。

表 10-1　φ_{M} 与骨料含量的关系

骨料体积分数	φ_{M}	$\varphi_{\text{G}} = 1 - \varphi_{\text{M}}$
0	100%	0
5%	97%	3%
10%	94%	6%
20%	88%	12%
30%	82%	18%
50%	70%	30%

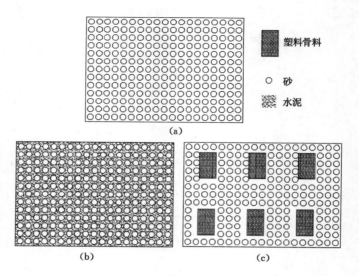

图 10-8　砂、水泥、塑料骨料的填充模型

由表 10-1 与 $\lambda_M \approx 1.591\ 2\ W/(m \cdot K)$，$\lambda_G \approx 0.14\ W/(m \cdot K)$ 及式(10-10)和式(10-13)，可计算出不同骨料含量时砂浆板的 λ_S 与 λ_P，具体结果见表 10-2。

表 10-2　不同骨料含量时砂浆板的 λ_S、λ_P

骨料体积分数	λ_S	λ_P
0	1.591 2	1.591 2
5%	1.213 8	1.547 7
10%	0.981 0	1.504 1
20%	0.709 1	1.417 1
30%	0.555 2	1.330 0
50%	0.387 2	1.155 8

图 10-9 展示了实际测得含有 B 骨料砂浆导热系数与 λ_S、λ_P 理论值随着骨料含量增加的变化趋势，总体来看，λ_S、λ_P 也是随着骨料含量的增加而减小，且 λ_S 随着骨料含量增加的变化趋势与试验中测得的 λ_{MB} 随骨料增加的变化趋势很接近，特别是当骨料含量在[0%，10%]范围内时，非常接近，最大相对误差 $\delta s_{MB10\%} = 100\% \times (\lambda_{MB\text{-}10\%} - \lambda_{S10\%})/\lambda_{MB\text{-}10\%} \approx 4.64\%$。随着骨料含量的继续增加，$\lambda_S$ 与 B 骨料的砂浆实测导热系数 λ_B 的变化趋势差异开始增大，如 $\delta s_{MB50\%} = 100\% \times (\lambda_{MB\text{-}50\%} - \lambda_{S50\%})/\lambda_{MB\text{-}50\%} \approx 37.72\%$。图 10-9 还反映了当骨料含量较小时 λ_P 随骨料含量增加而下降的速度较快，随后下降的速度变得较缓慢，这种现象与实际得到的结果类似。λ_P 理论值与 λ_B 实际值随骨料含量增加的变化趋势之间的差异随骨料含量的增加而单调增加，只是相对误差增加速度越来越慢，如骨料含量在[10%，30%]区间内相对误差平均增大了 0.2%，在[30%，50%]区间时相对误差平均增大了 0.068%。经过上面的分析可以得出：实际中两种材料既有串联的成分又有并联的成分，因此引入串联因子 f_S 与并联因子 f_P，f_S，f_P 均在[0，1]区间内，且 $f_S + f_P = 1$。并定义材料的导热系数为：

$$\lambda = f_S\lambda_S + f_P\lambda_P \qquad\qquad (10\text{-}15)$$

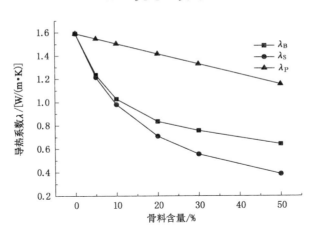

图 10-9　λ_B、λ_S、λ_P 随骨料含量增加的变化趋势

由图 10-9 可知:实测导热系数与 λ_S,λ_P 理论值之间相对误差与骨料的含量密切相关,故假设 f_S 是关于骨料体积分数 φ 的一元函数。设 $f_S = g(\varphi)$,其中 $\varphi \in [0,1]$。$g(\varphi) \in [0,1]$,且 $g(\varphi)$ 随着 φ 的增大而减小。当 $\varphi \in [0,0.1]$ 时,$g(\varphi) \approx 1$。根据上面的信息建立简单的等式 $f_S = g(\varphi) = 1-\varphi^n$,因为 $f_S \in [0,1]$ 且 $\varphi \in [0,0.1]$,易得到 $n>0$。由取佳判定函数 $Z(n)$ 决定,取使得 $Z(n)$ 取得最小值的 n。其表达式如下:

$$Z(n) = \sum |\lambda_B(\varphi) - \lambda| \quad (\varphi = 5\%,10\%,20\%,30\%,50\%) \qquad (10\text{-}16)$$

因为 $\varphi \in [0,0.1]$,$\mathrm{d}[\lambda - \lambda_B(\varphi)]/\mathrm{d}n = (\lambda_P - \lambda_S)\mathrm{d}\varphi^n/\mathrm{d}n = (\lambda_P - \lambda_S)\varphi^n\log\varphi < 0$,当 $n=1.6$ 时,φ 取试验中任意一个取代体积分数,$\lambda - \lambda_B(\varphi)$ 均小于 0。故当 n 为大于 1.6 的任意实数时均有 $0 > \lambda - \lambda_B(1.6) > \lambda - \lambda_B(n)$,从而当 $n>1.6$ 时均有 $Z(1.6) < Z(n)$。同理,当 $n=0.9$ 时,φ 取试验中任意一个取代体积分数,$\lambda - \lambda_B(\varphi)$ 均大于 0,易得 n 为小于 0.9 的任意实数时均有 $\lambda - \lambda_B(n) > \lambda - \lambda_B(0.9) > 0$,从而易得:当 $0 < n < 0.9$ 时均有 $Z(0.9) < Z(n)$。

经过上述分析,最佳值 n 必定在 $[0.9,1.6]$ 之间。设 n 为两位有效数字,把区间 $[0.9,1.6]$ 内的两位有效数字代入验证函数 Z 中。经验证,当 $n=1.1$ 时验证函数 Z 取得最小值,$Z(1.1) \approx 0.128\,5\ \mathrm{W/(m \cdot K)}$。在图 10-10 中绘制了 $n=1.1$ 时理论导热系数 λ 随骨料含量变化的曲线。

由图 10-10 可知:理论拟合曲线比单纯的 λ_S 或 λ_P 都要与实际测量得到的含 B 骨料的砂浆的导热系数更接近,这说明所建模型在一定程度上是正确的,引入串联因子与并联因子也是很有意义的。且理论串联因子 $f_S = g(\varphi) = 1 - \varphi^n = 1 - \varphi^{1.1}$,当塑料骨料含量超过 30% 之后理论拟合曲线与实测导热系数之间误差增大的原因是:理论模型中砂与塑料骨料之间是紧密无空隙的,而实际上砂与塑料骨料之间必然存在一定的空隙。当塑料骨料含量超过一定值后塑料骨料与砂界面之间的空隙不可忽略,故当骨料含量超过一定值时(如 30%),理论拟合曲线与实测导热系数之间的误差有所增大,若要接近实际,需要引入空隙增加系数,在本书中不再做进一步的探究。

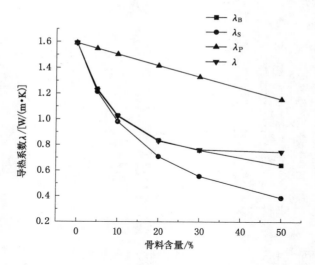

图 10-10　导热系数理论值与骨料含量的关系曲线

10.6　本章小结

本章主要研究了向砂浆中添加制备的轻骨料对砂浆导热系数的影响,得到如下结论:

(1) 砂浆板的导热系数随着骨料含量的增加而减小。其中,$\lambda_{B50\%}:\lambda_{0\%}\approx40\%$,$\lambda_{F50\%}:\lambda_{0\%}\approx41\%$。

(2) 骨料含量在$[0\%,10\%]$区间内时随着骨料含量的增加,导热系数下降的平均速率绝对值$|a|$较大,骨料含量继续增加时,$|a|$开始减小,其中$|a|_B^{0\sim10\%}\approx5.625\times10^{-2}$ W/(m·K),$|a|_F^{0\sim10\%}\approx4.766\times10^{-2}$ W/(m·K);$|a|_B^{20\%\sim50\%}\approx6.443\times10^{-3}$ W/(m·K),$|a|_F^{20\%\sim50\%}\approx6.340\times10^{-3}$ W/(m·K)。

(3) 建立热流传输的串联与并联模型,并推导出各种情况下的导热系数公式:

$$\begin{cases}\lambda_S = \dfrac{\lambda_M\lambda_G}{\varphi_M\lambda_G + \varphi_G\lambda_M}\\[2mm]\lambda_P = \lambda_M\varphi_M + \lambda_G\varphi_G\end{cases}$$

(4) 引入串联因子 f_S 与并联因子 f_P,其中 $f_S\in[0,1]$,$f_P\in[0,1]$,且 $f_S+f_P=1$,得出理论导热系数公式:

$$\lambda = f_S\lambda_S + f_P\lambda_P$$

经分析,赋予 $f_S=1-\varphi^n$。引入取佳判定函数

$$Z(n) = \sum |\lambda_B(\varphi) - \lambda| \quad (\varphi = 5\%,10\%,20\%,30\%,50\%)$$

经理论分析,最佳值 $n\in[0.91,1.6]$,当 n 为两位有效数字时,理论上 $n=1.1$ 时 $Z(n)$ 取得最小值,$Z(1.1)\approx0.128\,5$ W/(m·K)。

11　塑料骨料对硬化砂浆孔结构及抗硫酸盐性能的影响

11.1　引言

随着社会的发展,强度不再是评价混凝土性能优劣的唯一指标了,耐久性越来越受到重视。不管是冻融破坏还是氯离子侵蚀等,都与水分在混凝土中的传输有着密切的关系,而水分的传输是需要通道的,混凝土的孔结构对水分的传输影响很大,因此研究混凝土的孔结构是很有必要的。

11.2　孔结构的表征手段

测量孔结构的方法比较多,主要有:① 气体吸附法:一般情况下测量直径不超过 100 nm 的小孔,观察的范围比较狭窄;② 光学显微镜法:虽然可以直接看到孔的形状,但是观察到的是断面孔的分布,只能观察到混凝土局部孔的分布;③ 小角度 X 射线散射法;④ 水银压入法。上述 4 种表征孔结构的方法各有其优点,但是均没有水的参与,是单纯测量孔结构,没有研究水流在混凝土中传输的信息,故本章对硬化砂浆孔结构的测试不采用以上方法,而是采用简单的吸水法,以定性测量砂浆的孔结构,虽然其测量结果不是定量的,但是它同时传达了水分在砂浆中的传输信息。

11.3　吸水法测定孔结构原理

大量试验证实:水泥石、砂浆、混凝土等多毛细孔材料的吸水曲线拥有稳定的指数函数特征,其过程可由 3 个参数的指数函数[式(11-1)]表示[152]。

$$w_t = w_{max} \cdot (1 - e^{-rt^\alpha}) \tag{11-1}$$

式中,w_t,w_{max} 分别为试样浸泡在水中 t 小时的吸水率与试块的最大吸水率;r 为平均孔径指数;α 为孔径均匀性指数。勃罗塞尔对式(11-1)进行了深入研究,并指出该式中 α 可以反映毛细孔的孔径分布均匀性,r 可以说明毛细孔的平均孔径。对于混凝土、砂浆来说 $\alpha \in (0,1)$,α 越大,说明孔径均匀性越好。设函数 $g(t)$,具体表达式见式(11-2)。

$$g(t) = 1 - \frac{w_t}{w_{max}} = e^{-rt^\alpha} \tag{11-2}$$

对式(11-2)进行等价变换得到式(11-3)。

$$\ln\left[\ln\frac{1}{g(t)}\right] = \alpha\ln t + \ln(r) \tag{11-3}$$

设 $y=\ln\{\ln[1/g(t)]\}$,$x=\ln t$,$b=\ln(r)$,则式(11-3)可以简化为：

$$y = \alpha x + b \tag{11-4}$$

根据试块在水中浸泡不同时间时的吸水率和试块的最大吸水率,利用上述相关式子计算出一系列 $(\bar{x},\bar{y})$ 试验点,根据这些试验点利用最小二乘法从整体角度计算得出最佳的 α 与 b,再根据 $b=\ln(r)$,即 $r=e^b$,计算出 r。陈建中在《用吸水动力学法测定混凝土的孔结构参数》一文中选用 $t=24$ h 时的吸水率作为最大吸水率,再利用 $t=1$ h 的数据计算出 r,最后根据 $t=0.25$ h 的数据计算出 α,本书认为这样做的数据点过少,特别是 α 仅利用 $t=1$ h 的数据和最大吸水率求得,没有考虑整体性。故本次试验采用多试验点,利用最小二乘法从整体的角度找出能够反映试块属性的 α 与 r。

11.4 不同温度下水泥石的 XRD 成分分析与塑料骨料的 TG-DSC 分析

11.4.1 水泥石的 XRD 成分分析

对水泥石进行 XRD 成分的定性分析,验证水泥石在不同温度下的矿物成分是否发生变化。首先按水灰比 0.38 配制水泥净浆。然后在 70 mm×70 mm×70 mm 的模具中成型,1 d 后脱模,在 25 ℃、96% 湿度条件下养护 28 d,取出后在 40 ℃ 的鼓风干燥箱中干燥 5 d,试样失去大量自由水后用铁锤敲碎,把碎片放进 40 ℃ 的鼓风干燥箱中干燥 5 d,然后研磨成粉状,之后用 45 μm 筛进行分离,取通过筛孔的细小粉末,然后将其分为 4 组,第 1 组不加热,其余 3 组分别加热 100 ℃、150 ℃、200 ℃,并保温 1.5 h,进行 X 射线衍射分析。图 11-1 为试验测得的结果。

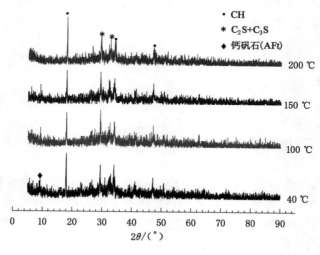

图 11-1 不同温度下水泥石的 XRD 图

由图 11-1 可以看出:温度在 40～200 ℃ 范围内时水泥石的 $Ca(OH)_2$ 和没有水化的 C_2S、C_3S 这三种物质的峰位、峰形几乎是不变的;40 ℃ 和 100 ℃ 时水泥石中有钙矾石(Aft)

存在,而 200 ℃时试样中钙矾石峰已经消失。图 11-1 说明了水化 28 d 的水泥石在 200 ℃以下的主要矿物成分不会发生明显变化。仅在不低于 200 ℃的较高温度范围内时水泥石中少量的钙矾石才会分解。因此可以认为 200 ℃以下时水泥石的结构不会发生明显变化,其力学性能也不会发生明显变化。

11.4.2　塑料骨料的 TG-DSC 分析

用小刀把废旧 PVC 电缆皮切成微小颗粒后在鼓风干燥箱中 60 ℃干燥 1 h。之后进行 TG-DSC 分析,加热速率为 10 ℃/min,最高温度为 405 ℃。测得结果如图 11-2 所示。

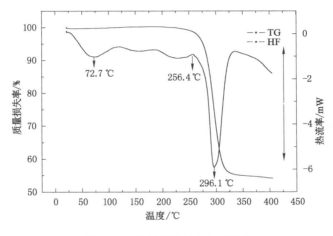

图 11-2　塑料骨料的 TG-DSC 图

由图 11-2 中 TG 曲线可以看出:当温度低于 256.4 ℃时,其质量不发生显著变化,温度从 256.4 ℃升至 325 ℃过程中骨料的质量迅速减小。由 HF 曲线也可以看出:296.1 ℃时出现了一个巨大的吸热峰,两种曲线共同说明了塑料骨料在温度从 256.4 ℃升至 325 ℃过程中快速发生分解等反应,而在 256 ℃以下,特别是 200 ℃以下,可以认为塑料骨料是没有分解产生气体的。

11.5　不同温度下塑料骨料对硬化砂浆定孔结构的影响

通过对水泥石的 XRD 分析与塑料骨料的 TG-DSC 分析,决定研究室温及 200 ℃下塑料骨料对硬化砂浆孔结构的影响。试验中所用砂浆试块的尺寸为 70 mm×70 mm×70 mm。基本配合比见表 9-2。其中骨料取代砂的体积分数为 0%、10%、20%、30%、50%。本章仅做含有 MB 与 MF 两种砂浆的吸水率试验。试块在实验室内养护 28 d 后进行吸水率试验。试验步骤如下:

(1)首先将试验要测量的全部试块放在鼓风干燥箱中 60 ℃鼓风干燥 24 h。尽可能保证试验前每块试样不含自由水或自由水含量一致。

(2)取出部分试块,待试块温度降至室温时用吸水法测量其吸水率。

(3)干燥箱继续加热到 200 ℃,并保温 150 min。保证试块整体在 200 ℃环境中保温一段时间,之后关闭干燥箱电源。待干燥箱温度降至室温后取出试块,用吸水法测量其吸水率。

试验测得不同试块两种温度后的吸水率(表 11-1)。

表 11-1　砂浆吸水率测试结果

温度/℃	试样编号	浸泡时间/h				
		1	3	6	12	24
60	M-0%	1.37	1.51	1.66	1.77	1.91
	MF-10%	1.29	1.51	1.65	1.78	1.87
	MF-20%	1.07	1.22	1.33	1.47	1.6
	MF-30%	1.02	1.11	1.24	1.35	1.53
	MF-50%	0.94	1.12	1.22	1.31	1.48
	MB-10%	1.25	1.52	1.66	1.75	1.86
	MB-20%	1.08	1.24	1.32	1.45	1.63
	MB-30%	0.98	1.08	1.21	1.36	1.51
	MB-50%	0.95	1.10	1.19	1.29	1.47
200	M-0%	3.87	5.49	6.99	7.77	8.02
	MF-10%	3.18	4.72	6.15	7.31	7.72
	MF-20%	2.96	4.43	5.67	6.52	6.70
	MF-30%	2.38	3.81	4.96	5.95	6.34
	MF-50%	1.57	2.75	3.85	5.18	6.16
	MB-10%	3.20	4.75	6.18	7.31	7.78
	MB-20%	2.94	4.47	5.69	6.58	6.76
	MB-30%	2.41	3.84	5.11	5.90	6.38
	MB-50%	1.59	2.74	3.88	5.21	6.15

陈建中在《用吸水动力学法测定混凝土的孔结构参数》一文中提到对于尺寸为 70 mm×70 mm×70 mm 的建筑材料,在水中浸泡 24 h 其吸水率就可以达到最大吸水率的 90% 以上。在本试验中假定浸泡 24 h 时的吸水率为最大吸收率。图 11-3 绘制出了砂浆最大吸水率随骨料含量变化曲线。由图 11-3 可以看出:整体上最大吸水率随着骨料含量的增加而减小;经 200 ℃保温处理后的试样的最大吸水率比没有经 200 ℃保温处理的试样的最大吸水率要高,这是因为试样经 200 ℃保温处理后初始的含水率减小。根据表 11-1 中数据与 11.3 节中介绍的计算方法计算不同温度下含有不同种类轻骨料砂浆板的 α 值与 r 值。

由图 11-4 可以看出:在 60 ℃条件下试样的 α 变化较小,且随着骨料含量的增加变化趋势不明显。换句话说,在低温条件下制备的轻骨料对试样中气孔孔径均匀性的影响不大。当试样经 200 ℃保温处理后从总体上可以明显看出试样的 α 值随着骨料含量的增加而增大或螺旋增大,其中 $\alpha_{MB}(200\ ℃,50\%):\alpha_{MB}(200\ ℃,0\%)\approx110\%$,这在一定程度上可以定性反映试样经 200 ℃保温处理,其气孔孔径均匀性有所改善:总体孔径向平均孔径靠拢。这可能是因为 200 ℃使得其中的轻骨料软化,其性质接近流体性质,向周围较大孔隙迁移,使那些比原来平均孔径大得多的孔隙减小,最终使得试样的均匀性得到提高。由图 11-5 可以看

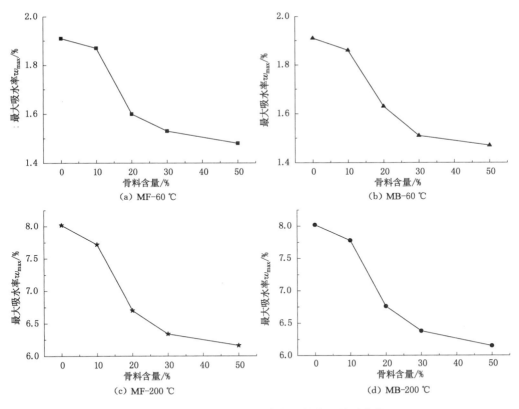

图 11-3　砂浆最大吸水率与骨料含量关系曲线

出：当试样经 200 ℃ 保温处理后平均孔径指数 r 随着骨料含量的增加而减小，特别是当骨料含量超过 20% 时，r 随着骨料含量的增加而减小的速率 a_r 比骨料含量在 [0%，20%] 区间内增加时 r 的平均下降速率 a_r 快得多。其中 $a_{rMF(20\%\sim50\%)}:a_{rMF(0\%\sim20\%)}\approx2.24$；$a_{rMB(20\%\sim50\%)}:a_{rMB(0\%\sim20\%)}\approx1.90$，这说明骨料的加入在整体上可以减少试样的大径孔隙，特别是高温处理后效果更显著。产生该现象的原因与上述现象产生原因相同：近于流体状态的骨料在表面张力的驱动下填充大径孔隙，使得试样总体孔径平均值减小。

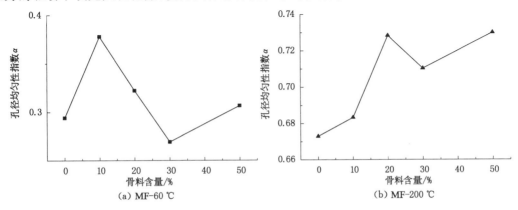

图 11-4　孔径均匀性指数 α 与骨料含量的关系曲线

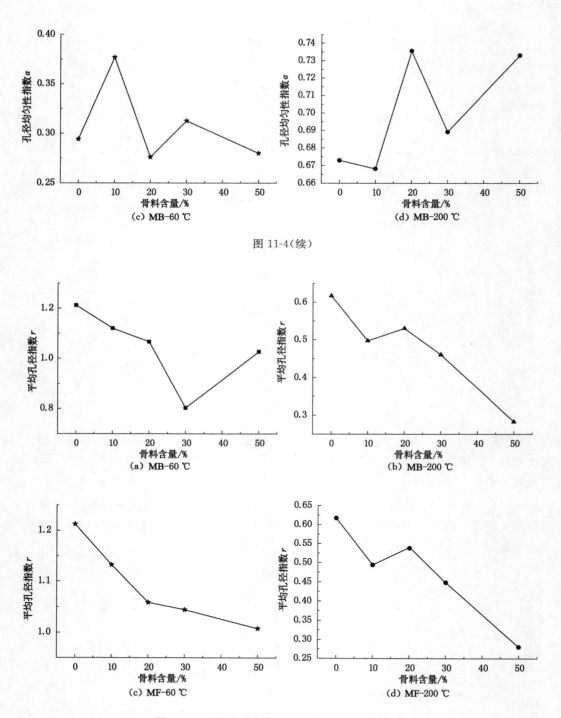

图 11-4（续）

图 11-5　平均孔径指数 r 与骨料含量的关系曲线

11.6　温度对塑料砂浆抗硫酸盐性能的影响

11.6.1　试验设计

根据表 9-2 中砂浆的基本配合比,采用 B 骨料内掺法等体积取代砂(5%,10%,20%,50%)制备 40 mm×40 mm×160 mm 的棱条状砂浆试块,脱模后放在 25 ℃水中养护 28 d,然后进行硫酸盐侵蚀试验。每个配合比有 9 条棱状试样。每 3 条分为 1 组,1 个组有 3 个试样,共 3 组。第 1 组继续放在 25 ℃水中浸泡;第 2 组进行硫酸盐侵蚀试验;第 3 组放在真空干燥箱中先在 60 ℃下开着鼓风机保温 5 h,使试块中的大量自由水散失,接着关闭鼓风机加热到 200 ℃并保温 120 min,最后进行硫酸盐侵蚀试验。第 1 组试样编号为 PM-n(W),第 2 组试样编号为 PM-n(S),第 3 组试样编号为 PM-n(HS),其中 n 代表 B 骨料等体积取代砂子量,分别为 0%,5%,10%,20%,50%。

硫酸盐侵蚀试验的具体步骤如下:将第 2 组试样放入质量分数为 5%的 25 ℃的硫酸镁溶液中。每一次浸泡 16 h 后取出放在 70 ℃的干燥箱中干燥 9 h,与此同时用质量分数为 5%的稀硫酸溶液将浸泡过试样的硫酸镁溶液滴定为中性,此时记为一次循环。接着进行下一次循环。5 次这样的循环为一次大循环。完成一个大循环后更换硫酸镁溶液进行下一次大循环。持续完成 4 次大循环,之后继续将试样浸泡在质量分数为 5%的 25 ℃的硫酸镁溶液中密封静置 20 d 后完成上述 4 次大循环。第 3 组经加热处理后进行的硫酸盐侵蚀试验的具体操作与第 2 组进行的硫酸盐侵蚀试验的具体操作相同,此处不再重述。在做硫酸盐侵蚀试验的同时将第 1 组试样放在 25 ℃的水中浸泡。

硫酸盐侵蚀试验完成后将 3 组试样用清水清洗,然后擦去表面的水滴,之后进行抗压强度、抗折强度试验。

11.6.2　试验结果

3 组试样的抗压强度曲线如图 11-6 所示,可以看出:对于不含塑料骨料的试样来说,硫酸盐侵蚀后其抗压强度显著下降。其中 $\sigma_{cM0\%(HS)}$:$\sigma_{cM0\%(W)}\approx90.6\%$,$\sigma_{cM0\%(S)}$:$\sigma_{cM0\%(W)}\approx91.7\%$。

试样 PM-n(W)的抗压强度几乎随着骨料含量的增加线性下降($R^2=0.993\ 9$);试样 PM-n(S)的抗压强度曲线随着骨料含量的增加一直下降,但在骨料含量从 0%增大到 50%的过程中 PM-n(S)的抗压强度下降的平均速率比 PM-n(W)的抗压强度下降的平均速率略小,其中 PM-50%(S)的抗压强度比 PM-50%(W)的抗压强度略大。试样 PM-n(HS)的抗压强度曲线随着骨料含量的增加先略增大,当骨料含量从 10%增大到 50%时,其抗压强度也在减小。但骨料含量相同时 PM-n(HS)的抗压强度都比 PM-n(S)的抗压强度大。其中试样 PM-20%(HS),PM-50%(HS)的抗压强度分别比 PM-20%(W),PM-50%(W)的抗压强度大。

图 11-7 展示了不同试验条件下试样抗折强度随着骨料含量增加的变化曲线。总体来看,抗折强度均随着骨料含量的增加先略增大,当骨料含量为 5%时达到最大值。由图 11-7 可知:3 种不同试验条件下试样的最大抗折强度分别为 9.327 MPa(HS)、8.083 MPa(S)与 7.505 MPa(W),比不含塑料骨料的试样分别提高了 $k_{HS(5\%/0\%)}\approx119\%$,$k_{S(5\%/0\%)}\approx144\%$,

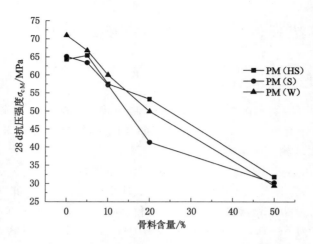

图 11-6　硫酸盐侵蚀对塑料砂浆抗压强度的影响

$k_{W(5\%/0\%)} \approx 113\%$。随着骨料含量的继续增加其抗折强度开始下降,当骨料含量相同时试样 PM-n(HS)与 PM-n(S)的抗折强度比试样 PM-n(W)的高。

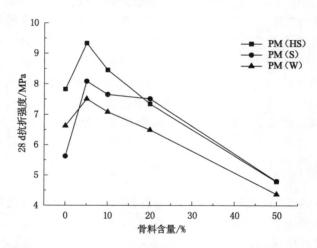

图 11-7　硫酸盐侵蚀对塑料砂浆抗折强度的影响

通过对以上数据的分析,总体来看,当骨料含量相等时经热处理后的试样的抗硫酸盐侵蚀能力比未经热处理试样的强。

11.6.3　试验结果分析

硫酸镁侵蚀混凝土的机理:硫酸镁为强电解质,溶于水中的硫酸镁全部电离为溶于水的 Mg^{2+} 和 SO_4^{2-},这两种离子可以穿过混凝土的毛细孔进入混凝土内部,并与混凝土组分发生反应进而破坏混凝土结构,影响混凝土的使用性能。

$Mg(OH)_2$ 是难溶物,$CaSO_4$ 为微溶物。当 Mg^{2+} 遇到混凝土中的 $Ca(OH)_2$ 时会发生如下置换反应:$MgSO_4 + Ca(OH)_2 \rightleftharpoons CaSO_4 + Mg(OH)_2$。由于 $Mg(OH)_2$ 是难溶物,生成的 $Mg(OH)_2$ 为水泥石提供碱性环境,使得 C-S-H 凝胶周围的 pH<11,进而导致 C-S-H

凝胶分解,同时生成的 M-S-H 强度不高,且与水泥石的黏结性也不好,这两种因素叠加在一起使得混凝土的强度受损。此外硫酸根还可以与混凝土中其他成分反应生成钙矾石(3CaO・Al_2O_3・3CaSO$_4$・32H$_2$O)。混凝土中 CaO、Al_2O_3 和 $CaSO_4$ 水化形成钙矾石能使固相体积增大约 120%。在混凝土内部毛细孔中发生体积膨胀,当达到一定程度时应力集中效应会导致混凝土内部结构破坏。因此提高混凝土抗硫酸盐侵蚀能力可以从两个方面着手:(1)增大外界镁离子、硫酸根离子进入混凝土内部阻力,尽可能降低其进入混凝土内部的速率;(2)提高混凝土内部可以承受钙矾石生长膨胀力的上限值。

硫酸盐侵蚀初期,进入砂浆试样内部的硫酸根离子、镁离子的总量不多,对混凝土内部结构的影响不大,同时生成的难溶物和膨胀物使得砂浆试样中孔隙率下降,提高了砂浆试样的密实性,进而在初期对于砂浆试样强度的提高是有利的,但随着侵蚀时间的增加、C-S-H的降解、M-S-H 的增加及膨胀应力的增大,砂浆的强度开始下降。

塑料为憎水性物质,添加到砂浆中可能会增大外界镁离子、硫酸根离子进入混凝土内部的阻力,且塑料骨料可以有效吸收砂浆内部膨胀时产生的能量,避免或减缓应力集中效应使得混凝土内部结构受到破坏。经热处理后,砂浆内部的塑料骨料在砂浆内部扩散得更均匀,从整体上大幅度增大硫酸根离子、镁离子进入砂浆内部的阻力,并且充填砂浆中大径孔隙,进而提高了砂浆抗硫酸盐侵蚀能力。

11.7　本章小结

本章主要研究了不同温度下制备的 B、F 骨料对硬化砂浆孔结构的影响及对抗硫酸盐侵蚀能力的影响,主要结论如下:

(1)砂浆试块的最大吸水率随着骨料含量的增加而减小。

(2)经 200 ℃保温处理,砂浆试样的孔径均匀性指数 α 随着骨料含量的增加而增大,其中 α_{MB}(200 ℃,50%):α_{MB}(200 ℃,0%)≈110%。

(3)砂浆试样的平均孔径指数 r 随着骨料含量的增加而加速减小,不同含量区间减小平均速率比为:$a_{rMF(20\%\sim50\%)}$:$a_{rMF(0\%\sim20\%)}$≈2.24,$a_{rMB(20\%\sim50\%)}$:$a_{rMB(0\%\sim20\%)}$≈1.90。

(4)砂浆试样 PM-n(W)的抗压强度几乎随着骨料含量的增加线性下降,PM-n(S)的抗压强度也随着骨料含量的增加而下降,但其下降的平均速率比试样 PM-n(W)的抗压强度的下降平均速率要小;试样 PM-n(HS)的抗压强度先随骨料含量的增加而增大,达到最大值后随着骨料含量的增加而下降。当骨料含量在[20%,50%]区间时,PM-n(HS)的抗压强度最大。

(5)砂浆的抗折强度随着骨料的增加先增大,达到最大值 9.327 MPa(HS)、8.083 MPa(S)与 7.505 MPa(W)之后随着骨料含量的增加开始减小。此阶段当骨料含量相同时,试样 PM-n(HS)与 PM-n(S)的抗折强度比试样 PM-n(W)的抗折强度高。

(6)热处理后砂浆的抗硫酸盐侵蚀能力得到增强。

12　第二部分内容研究结论与展望

12.1　结论

本部分内容主要讲述了骨料的制备过程,B骨料对混凝土性能的影响及不同骨料对砂浆力学性能、导热性能、孔结构及抗硫酸盐侵蚀能力的影响,得到的结论如下:

(1)水泥与废旧PVC共混制得的骨料随着水泥含量的增加,其表观密度增大,接触角减小,饱和石灰水中浸泡28 d后弹性模量增大。

(2)当骨料含量相等时,砂浆的抗压强度、抗折强度随着骨料中水泥含量的增加而增大。砂浆的极限挠度随着骨料含量和骨料中水泥含量的增加而增大,其中 $Y_{MF-50\%}:Y_{M-0\%}\approx$ 3.3, $Y_{MF-50\%}:Y_{MB-50\%}\approx146\%$;硬化砂浆中骨料的分布均匀度 J 随着骨料中水泥含量的增加而增大, $J_F>0.895$。

(3)砂浆板的导热系数随着骨料含量的增加而减小。建立热流传输的串联模型与并联模型,并推导出各种情况下的导热系数公式: $\lambda_S=\lambda_B\lambda_B/(\varphi_M\lambda_B+\varphi_M\lambda_B)$; $\lambda_P=\varphi_M\lambda_M+\varphi_B\lambda_B$。引入串联因子 f_S 与并联因子 f_P,得出理论导热系数公式 $\lambda=f_S\lambda_S+f_P\lambda_P$,经分析赋予 $f_S=1-\varphi^n$。引入取佳判定函数 $Z(n)$, $Z(n)=\sum|\lambda_B(\varphi)-\lambda|$, φ 为 0%,5%,10%,20%,30%,50%。经理论分析,最佳值 $n\in[0.91,1.6]$,当 n 为两位有效数字时,理论上 $n=1.1$ 时 $Z(n)$ 取最小值, $Z(1.1)\approx0.128\ 5\ W/(m\cdot K)$。

(4)砂浆试块的最大吸水率随着骨料含量的增加而减小。经200 ℃保温处理,随着骨料含量的增加,砂浆试样的孔径均匀性指数 α 增大,砂浆试样的平均孔径指数 r 减小;硫酸盐侵蚀后试样 PM-n(HS)的抗压强度先随骨料含量的增加而增大,达到最大值之后随着骨料含量的增加而下降;抗折强度达到最大值 9.327 MPa(HS)、8.083 MPa(S)与 7.505 MPa(W)之后随着骨料含量的增加开始减小。此阶段骨料含量相同时,试样 PM-n(HS)与 PM-n(S)的抗折强度比试样 PM-n(W)的抗折强度高。综合分析可知:热处理后砂浆的抗硫酸盐侵蚀能力得到增强。

12.2　展望

(1)废旧塑料种类很多,本书仅简要研究了废旧PVC电缆皮骨料对砂浆性能的影响,其他废弃塑料对混凝土/砂浆性能的影响有必要进行详细、全方面研究。

(2)骨料粒径与混凝土/砂浆性能密切相关,由于受试验条件限制,本试验中仅采用一种尺寸的骨料进行试验,今后有必要进一步对不同粒径塑料骨料在混凝土/砂浆中的分布及对其性能的影响进行深入研究。

（3）需要对塑料骨料与水泥石的界面做进一步的微观分析，寻找更好的提高骨料与水泥石之间黏结力的方案，进一步降低塑料骨料对混凝土强度的不利影响。

参 考 文 献

[1] CARDOSO R,BALESTO A C,DELLALLIBERA A,et al. Silicone insulators of power transmission lines with a variable inorganic load concentration: electrical and physiochemical analyses[J]. Measurement,2014,50:63-73.

[2] 庞博,刘树清,王树军,等.110 kV 线路绝缘子式避雷器方案分析及仿真验证[J].高压电器,2016,52(8):177-183.

[3] CONG W,LI T F,TU Y P,et al. Heating phenomenon in unclean composite insulators [J]. Engineering failure analysis,2016,65:48-56.

[4] 巢亚锋,王成,黄福勇,等.中国输电线路复合绝缘子运行状况分析[J].高压电器,2015,51(8):119-124.

[5] 刘泽洪.复合绝缘子使用现状及其在特高压输电线路中的应用前景[J].电网技术,2006,30(12):1-7.

[6] 张冠军,赵林,周润东,等.硅橡胶复合绝缘子老化表征评估研究的现状与进展[J].高压电器,2016,52(4):1-15.

[7] 成立,梅红伟,王黎明,等.复合绝缘子用硅橡胶护套长时间老化特性及其影响因素[J].电网技术,2016,40(6):1896-1902.

[8] ARIANPOUR F,FARZAN EH M,KULINICH S A. Hydrophobic and ice-retarding properties of doped silicone rubber coatings[J]. Applied surface science,2013,265:546-552.

[9] XUE Y. Comparison of ATH and SiO_2 fillers filled silicone rubber composites for HTV insulators[J]. Composites science and technology,2018,155:137-143.

[10] R M FERNANDO M A,GUBANSKI S M. Ageing of silicone rubber insulators in coastal and inland tropical environment[J]. IEEE transactions on dielectrics and electrical insulation,2010,17(2):326-333.

[11] GONZÁLEZ V,MARTÍNEZ-BOZA F J,NAVARRO F J,et al. Thermomechanical properties of bitumen modified with crumb tire rubber and polymeric additives[J]. Fuel processing technology,2010,91(9):1033-1039.

[12] LYNE A L,WALLQVIST V,RUTLAND M W,et al. Surface wrinkling: the phenomenon causing bees in bitumen[J]. Journal of materials science,2013,48(20):6970-6976.

[13] MILLER N M,TEHRANI F M. Mechanical properties of rubberized lightweight aggregate concrete[J]. Construction and building materials,2017,147:264-271.

[14] NOAMAN A T,BAKAR B H A,AKIL H M. Fracture characteristics of plain and

steel fibre reinforced rubberized concrete[J]. Construction and building materials, 2017,152:414-423.

[15] SEYEDMEHDI S A, ZHANG H, ZHU J. Superhydrophobic RTV silicone rubber insulator coatings[J]. Applied surface science, 2012, 258(7):2972-2976.

[16] GAO S H, GAO L H, ZHOU K S. Super-hydrophobicity and oleophobicity of silicone rubber modified by CF4 radio frequency plasma[J]. Applied surface science, 2011, 257(11):4945-4950.

[17] STIEGHORST J, DOLL T. Rheological behavior of pdms silicone rubber for 3d printing of medical implants[J]. Additive manufacturing, 2018,24:217-223..

[18] SISANTH K S. Progress in Rubber Nanocomposites ‖ General introduction to rubber compounding[J]. Progress in rubber nanocomposites, 2017:1-39.

[19] NEKAHI A, MCMEEKIN S G, FARZANEH M. Effect of pollution severity and dry band location on the flashover characteristics of silicone rubber surfaces[J]. Electrical engineering, 2017,99(3):1053-1063.

[20] VERMA A R, REDDY B S. Aging studies on polymeric insulators under DC stress with controlled climatic conditions[J]. Polymer testing, 2018,68:185-192.

[21] YANG XU, YOU ZHANPING, HASAN M R M, et al. Environmental and mechanical performance of crumb rubber modified warm mix asphalt using evotherm[J]. Journal of cleaner production, 2017,159:346-358.

[22] LI RUOYU, XIAO FEIPENG, AMIRKHANIAN S, et al. Developments of nano materials and technologies on asphalt materials - A review[J]. Construction and building materials, 2017,143:633-648.

[23] PRESTI D L. Recycled Tyre rubber modified bitumens for road asphalt mixtures: a literature review[J]. Construction and building materials, 2013,49:863-881.

[24] RAGAB M. Enhancing the performance of crumb rubber modified asphalt through controlling the internal network structure developed[J]. Materials science, 2016,21:39-45.

[25] LIANG M, XIN X, FAN W Y, et al. Viscous properties, storage stability and their relationships with microstructure of tire scrap rubber modified asphalt [J]. Construction and building materials, 2015,74:124-131.

[26] HASSAN N A, AIREY G D, YUSOFF N I M, et al. Microstructural characterisation of dry mixed rubberised asphalt mixtures[J]. Construction and building materials, 2015,82:173-183.

[27] 张晓亮,陈华鑫,张奔,等. TOR 改性废旧小轿车轮胎橡胶沥青混合料路用性能研究 [J]. 硅酸盐通报,2018,37(7):2241-2247.

[28] SOULIMAN M I, MAMLOUK M, EIFERT A. Cost-effectiveness of Rubber and polymer modified asphalt mixtures as related to sustainable fatigue performance[J]. Procedia engineering, 2016,145:404-411.

[29] 王伟明,凌宏杰,吴旷怀. 新型温拌复合改性橡胶沥青及其路用性能[J]. 公路,2019 (3):230-234.

[30] 聂浩. 橡胶改性沥青混合料性能研究[J]. 国防交通工程与技术,2014,12(3):37-39.

[31] 黄文元,张隐西. 路面工程用橡胶沥青的反应机理与进程控制[J]. 公路交通科技, 2006,23(11):5-9.

[32] 王志龙,何亮,郑智能,等. 橡胶沥青施工阶段的双重反应特性研究综述[J]. 公路, 2016,61(12):12-19.

[33] AsAc. The use of Modified Bituminous Binders in Road Construction[G] //Technical Guideline of the South African Asphalt Acadamey TG1. [S. l. :s. n.],2007.

[34] 李廷刚,李金钟,李伟. 橡胶沥青微观机理研究及其公路工程应用[J]. 公路交通科技, 2011,28(1):25-30.

[35] 王笑风,曹荣吉. 橡胶沥青的改性机理[J]. 长安大学学报(自然科学版),2011,31(2): 6-11.

[36] 花文娟,李影. 橡胶粉改性沥青性能研究[J]. 交通标准化,2014,42(7):152-156.

[37] 杨继军,胡娟,张琨. AR-AC-13 橡胶沥青混凝土在湖北沪渝高速公路路面改造养护中的应用[J]. 公路交通科技(应用技术版),2012,8(6):1-4.

[38] 杨晋雷. 高速公路路面维修扩建中 SBS 改性沥青混合料的应用及施工技术工艺研究 [J]. 建设科技,2016(5):96-97.

[39] QIN S,WANG Z,WANG W. Repair material capable of releasing oxygen and being rapidly solidified,and preparation method and application thereof:CN201210123605 [P]. 2013-04-25.

[40] 王尉,何亮,王大为,等. 橡胶沥青及混合料低温性能研究进展[J]. 公路,2016,61(1): 181-187.

[41] 张国飞,常颖,施杨,等. 橡胶粉改性沥青在寒冷地区高速公路中的应用研究[J]. 建材世界,2011,32(6):18-22.

[42] 黄菲,居浩. 废旧橡胶粉改性沥青在高速公路上的应用分析[J]. 石油沥青,2010, 24(5):63-71.

[43] 吴树东. 橡胶沥青路面在省道大修中的应用[J]. 中国公路,2015(23):134-135.

[44] CORREIA J R,MARQUES A M,PEREIRA C M C,et al. Fire reaction properties of concrete made with recycled rubber aggregate[J]. Fire and materials,2012,36(2): 139-152.

[45] SOFI A. Effect of waste tyre rubber on mechanical and durability properties of concrete-A review[J]. Ain shams engineering journal,2018,9(4):2691-2700.

[46] ZHU H,RONG B,XIE R,et al. Experimental investigation on the floating of rubber particles of crumb rubber concrete[J]. Construction and building materials,2018, 164:644-654.

[47] BENAZZOUK A,DOUZANE O,MEZREBK,et al. Physico-mechanical properties of aerated cement composites containing shredded rubber waste [J]. Cement and concrete composites,2006,28(7):650-657.

[48] 王德奎. 橡胶自密实混凝土性能分析及质量控制[D]. 福州:福建工程学院,2018.

[49] 郑晓莉. 橡胶粉掺量对混凝土的性能影响[J]. 内蒙古公路与运输,2014(4):49-50.

[50] 徐宏殷,胡凤启,秦世兵,等.橡胶颗粒对混凝土工作性能的影响规律[J].水利与建筑工程学报,2016,14(6):67-70,85.

[51] BISHT K,RAMANA P V. Evaluation of mechanical and durability properties of crumb rubber concrete[J]. Construction and building materials,2017,155:811-817.

[52] GHOLAMPOUR A,OZBAKKALOGLU T,HASSANLIR. Behavior of rubberized concrete under active confinement[J]. Construction and building materials,2017,138:372-382.

[53] BENAZZOUK A,MEZREB K,DOYEN G,et al. Effect of rubber aggregates on the physico-mechanical behaviour of cement-rubber composites-influence of the alveolar texture of rubber aggregates[J]. Cement and concrete composites,2003,25(7):711-720.

[54] 刘誉贵,马育,刘攀.氨化与磺化改性橡胶混凝土机理及强度研究[J].材料导报,2018,32(18):3142-3145,3153.

[55] 周栋,郑昌林,朱正祺,等.橡胶混凝土抗压强度试验研究[J].低温建筑技术,2015,37(11):10-11.

[56] HE L,MA Y,LIU Q,et al. Surface modification of crumb rubber and its influence on the mechanical properties of rubber-cement concrete[J]. Construction and building materials,2016,120:403-407.

[57] YOUSSF O,HASSANLI R,MILLS J E. Mechanical performance of FRP-confined and unconfined crumb rubber concrete containing high rubber content[J]. Journal of building engineering,2017,11:115-126.

[58] 兰成.橡胶改性再生骨料混凝土路面材料抗冲击性能研究[D].广州:广东工业大学,2014.

[59] 沈卫国,张涛,李进红,等.橡胶集料对聚合物改性多孔混凝土性能的影响[J].建筑材料学报,2010,13(4):509-514.

[60] TURATSINZE A,BONNET S,GRANJU J L. Potential of rubber aggregates to modify properties of cement based-mortars:improvement in cracking shrinkage resistance[J]. Construction and building materials,2007,21(1):176-181.

[61] TURATSINZE A,GRANJU J L,BONNET S. Positive synergy between steel-fibres and rubber aggregates:effect on the resistance of cement-based mortars to shrinkage cracking[J]. Cement and concrete research,2006,36(9):1692-1697.

[62] SUKONTASUKKUL P,TIAMLOM K. Expansion under water and drying shrinkage of rubberized concrete mixed with crumb rubber with different size[J]. Construction and building materials,2012,29(4):520-526.

[63] 王宝民,涂妮.掺废旧橡胶颗粒对水泥混凝土抗裂性能的影响试验研究[C]//2011 International Conference on Machine Intelligence(ICMI 2011). Manila:[s. n.],2011:1063-1068.

[64] OIKONOMOU N,MAVRIDOU S. Improvement of chloride ion penetration resistance in cement mortars modified with rubber from worn automobile tires[J]. Cement and concrete

composites,2009,31(6):403-407.

[65] 欧兴进,朱涵.橡胶集料混凝土氯离子渗透性试验研究[J].混凝土,2006(3):46-49.

[66] 叶启军,喻军,龚晓南.荷载作用下橡胶混凝土抗氯离子渗透规律研究[J].材料导报,2014,28(增2):327-330.

[67] 袁群,冯凌云,翟敬栓,等.橡胶混凝土的抗碳化性能试验研究[J].混凝土,2011(7):91-93,96.

[68] 于群,王景,叶文超.废旧橡胶混凝土抗碳化性能的试验研究[J].沈阳大学学报(自然科学版),2015,27(1):60-63.

[69] NEVILLE A M,BROOKS J J S. Concrete Technology[M]. Essex:Pearson,2010.

[70] KHALOO A R,DEHESTANI M,RAHMATABADI P. Mechanical properties of concrete containing a high volume of tire-rubber particles[J]. Waste management,2008,28(12):2472.

[71] BENAZZOUK A,DOUZANE O,LANGLET T,et al. Physico-mechanical properties and water absorption of cement composite containing shredded rubber wastes[J]. Cement and concrete composites,2007,29(10):732-740.

[72] 季卫娟.改性橡胶混凝土的抗冻性能研究[D].郑州:郑州大学,2015.

[73] SI R,GUO S,DAI Q. Durability performance of rubberized mortar and concrete with NaOH-Solution treated rubber particles[J]. Construction and building materials,2017,153:496-505.

[74] 朋改非,杨娟,石云兴.超高性能混凝土高温后残余力学性能试验研究[J].土木工程学报,2017,50(4):73-79.

[75] 张海波,丁雪晨,徐自立,等.真空热处理对橡胶砂浆强度影响[J].硅酸盐通报,2016,35(5):1637-1641.

[76] OIKONOMOU N, MAVRIDOU S. Improvement of chloride ion penetration resistance in cement mortars modified with rubber from worn automobile tires[J]. Cement and concrete composites,2009,31(6):403-407.

[77] 周金枝,陈玉良,戴杰.橡胶混凝土密度与抗压强度关系的试验研究[J].人民黄河,2016,38(1):122-125.

[78] 杨若冲,谈至明,施钟毅,等.橡胶混凝土物理力学性能研究[J].交通运输工程与信息学报,2011,9(4):34-39.

[79] 杨若冲,谈至明,黄晓明,等.硅灰改性橡胶混凝土路用性能研究[J].公路交通科技,2010,27(10):6-10.

[80] VERMA A R, REDDY B S. Accelerated aging studies of silicon-rubber based polymeric insulators used for HV transmission lines[J]. Polymer testing,2017,62:124-131.

[81] 交通运输部公路科学研究院.公路工程沥青及沥青混合料试验规程:JTG E20-2011[S].北京:人民交通出版社,2011.

[82] 王小龙.废胶粉/SBS双复合改性沥青及路用性能研究[D].西安:长安大学,2016.

[83] 曹萍,胡阳,孙皓,等.橡胶改性沥青的研究与道路应用[J].化学与黏合,2012,34(1):

71-75.

［84］廖隽.橡胶粉改性沥青的机理及影响因素分析[J].山西交通科技,2007(4):26-28.

［85］交通部重庆公路科学研究所.公路改性沥青路面施工技术规范:JTJ 036—1998[S].北京:人民交通出版社,1999.

［86］交通部公路科学研究所.公路工程集料试验规程:JTG E42—2005[S].北京:人民交通出版社,2005.

［87］交通部公路科学研究所.公路沥青路面施工技术规范:JTG F 40—2004[S].北京:人民交通出版社,2005.

［88］PAN B F,CHEN L Y,WANG B M. The impact of MWCNTs on the viscosity of modified asphalt[J]. Nanoscience and nanotechnology letters,2013,5(7):801-804.

［89］周陈婴,李伟鹏.短期老化作用下聚合物改性沥青重复蠕变恢复性能对比研究[J].路基工程,2017(3):121-124.

［90］艾长发,安少科,任东亚,等.新型填充式桥梁伸缩缝改性沥青混合料路用性能试验[J].公路,2018,63(5):246-251.

［91］翟克.温拌技术在橡胶沥青路面中的应用与探究[J].交通世界·建养机械,2015(5):130-131.

［92］王绍怀,邹桂莲,虞将苗.界面改性剂对沥青混合料水稳定性的影响与机理分析[J].北方交通,2008(8):18-21.

［93］陕西省建筑科学研究院.建筑砂浆基本性能试验方法标准:JGJ/T 70—2009[S].北京:中国建筑工业出版社,2009.

［94］全国水泥标准化技术委员会.水泥胶砂强度检验方法(ISO):GB/T 17671—2021 [S].北京:中国标准出版社,2021.

［95］POON C S,SHUI Z H,LAM L. Effect of microstructure of ITZ on compressive strength of concrete prepared with recycled aggregates[J]. Construction and building materials,2004,18(6):461-468.

［96］CHOU L H,LIN C N,LU C K,et al. Improving rubber concrete by waste organic sulfur compounds[J]. Waste management & research:the journal of the international solid wastes and public cleansing association,ISWA,2010,28(1):29-35.

［97］MARQUES A C,AKASAKI J L,TRIGO A P M,et al. Influence of the surface treatment of tire rubber residues added in mortars[J]. Revista ibracon deestruturase materiais,2008,1(2):113-120.

［98］MOHAMMADI I,KHABBAZ H,VESSALAS K. Enhancing mechanical performance of rubberised concrete pavements with sodium hydroxide treatment[J]. Materials and structures,2016,49(3):813-827.

［99］WONGSA A,SATA V,NEMATOLLAHI B,et al. Mechanical and thermal properties of lightweight geopolymer mortar incorporating crumb rubber [J]. Journal of cleaner production,2018,195:1069-1080.

［100］JAFARI K,TOUFIGH V. Experimental and analytical evaluation of rubberized polymer concrete[J]. Construction and building materials,2017,155:495-510.

[101] 许健南.塑料材料[M].北京:中国轻工业出版社,1999:18.

[102] 周凤华.塑料回收利用[M].北京:化学工业出版社,2005:5.

[103] ABELOUAH M R, ROMDHANI I, BEN-HADDAD M, et al. Binational survey using Mytilus galloprovincialis as a bioindicator of microplastic pollution:insights into chemical analysis and potential risk on humans[J]. Science of the total environment,2023,870:161894.

[104] "终止塑料污染全国行动"呼吁共同关注塑料污染[EB/OL]. (2022-06-10)[2022-06-10]. https://baijiahao. baidu. com/s? id=1735217915926336036&wfr=spider&for=pc.

[105] NABAJYOTI SAIKIA, JORGE DE BRITO. Use of plastic waste as aggregate in cement mortar and concrete preparation:a review[J]. Construction and building materials,2012,34:385-401.

[106] Greenpeace:2021年美国家庭扔掉的塑料垃圾达5100万吨[EB/OL]. [2022-10-25]. http://www. 199it. com/archives/1510279. html.

[107] 英国一年仅12%塑料垃圾被回收,"超级虫"给降解塑料带来曙光[EB/OL]. [2022-07-08]. https://baijiahao. baidu. com/s? id=1738681259039740000&wfr=spider&for=pc.

[108] 双碳背景下塑料回收再利用迎来发展新契机[EB/OL]. [2022-12-07]. https://www. sohu. com/a/614720787_121484632.

[109] 孙亚明.废旧塑料回收利用的现状及发展[J].云南化工,2008,35(2):36-40.

[110] 张效林,王汝敏,王志彤,等.废旧塑料在复合材料领域中回用技术的研究进展[J].材料导报,2011,25(15):92-95.

[111] 周凤华.塑料回收利用[M].北京:化学工业出版社,2005:5.

[112] 董素芳.PVC废弃物处理及应用[C]//2008年塑料助剂生产与应用技术信息交流会论文集.青岛:[出版者不详],2008:372-374

[113] 刘兵,于世发,钱鑫,等.PVC塑料制品中增塑剂的危害及改进方式[C]//2010年塑料助剂生产与应用技术、信息交流会论文集.厦门:[出版者不详],2010:65-68.

[114] 刘均科,等.塑料废弃物的回收与利用技术[M].北京:中国石化出版社,2000.

[115] 彭福昌,邹建新,叶蓬,等.废旧塑料的复合再生利用新进展[J].中国资源综合利用,2005(7):11-14.

[116] 张玉龙.废旧塑料回收制备与配方[M].北京:化学工业出版社,2008.

[117] 袁利伟,陈玉明,李旺.高分子材料的循环利用技术[J].攀枝花学院学报,2003,20(5):65-67.

[118] 柯伟席,王澜.废旧PVC塑料的回收利用[J].塑料制造,2009(9):51-56.

[119] 高全芹.浅述我国废旧聚氯乙烯的回收与利用[J].中国资源综合利用,2004,22(5):15-18.

[120] 黄海滨,刘锋,李丽娟.塑料回收利用与再生塑料在建材中的应用[J].工程塑料应用,2009,37(7):56-59.

[121] (日)山本良一.环境材料[M].王天民,译.北京:化学工业出版社,1997.

[122] 绿色塑料建材的发展趋势.国外塑料[M].中国轻工业联合会,2004,22(4):26-30.

[123] 吴中伟.绿色高性能混凝土:混凝土的发展方向[J].混凝土与水泥制品,1998(1):3-6.

[124] 钟海英,贾淑明.浅析绿色高性能混凝土的发展与应用[J].甘肃科技,2004,20(10):96-98.

[125] 吴中伟,廉慧珍.高性能混凝土[M].北京:中国铁道出版社,1999.

[126] 姚武.绿色混凝土[M].北京:化学工业出版社,2006.

[127] 吴中伟.绿色高性能混凝土与科技创新[J].建筑材料学报,1998,1(1):1-7.

[128] 俄罗斯研制出塑料混凝土建筑材料[J].中国建材科技,2004,13(1):43.

[129] MARZOUK O Y,DHEILLY R M,QUENEUDEC M. Valorization of post-consumer waste plastic in cementitious concrete composites[J]. Waste management,2007,27(2):310-318.

[130] KOU S C,LEE G,POON C,S,et al. Properties of lightweight aggregate concrete prepared with PVC granules derived from scraped PVC pipes[J]. Waste management,2009,29(2):621-628.

[131] FRIGIONE M. Recycling of PET bottles as fine aggregate in concrete[J]. Waste management,2010,30(6):1101-1106.

[132] BATAYNEH M,MARIE I,ASI I. Use of selected waste materials in concrete mixes [J]. Waste management,2007,27(12):1870-1876.

[133] AKÇAÖZOĞLU S,ATIŞ C D,AKÇAÖZOĞLU K. An investigation on the use of shredded waste PET bottles as aggregate in lightweight concrete[J]. Waste management,2010,30(2):285-290.

[134] ISMAIL Z Z,AL-HASHMI E A. Use of waste plastic in concrete mixture as aggregate replacement[J]. Waste management 2008,28(11):2041-2047.

[135] SAIKIA N,BRITO J. Mechanical properties and abrasion behaviour of concrete containing shredded PET bottle waste as a partial substitution of natural aggregate [J]. Construction and building materials,2014,52:236-244.

[136] HANNAWI K,KAMALI-BERNARD S,PRINCE W. Physical and mechanical properties of mortars containing PET and PC waste aggregates[J]. Waste management,2010,30(11):2312-2320.

[137] BEN FRAJ A,KISMI M,MOUNANGA P. Valorization of coarse rigid polyurethane foam waste in lightweight aggregate concrete[J]. Construction and building materials,2010,24(6):1069-1077.

[138] MOUNANGA P,GBONGBON W,POULLAIN P,et al. Proportioning and characterization of lightweight concrete mixtures made with rigid polyurethane foam wastes[J]. Cement and concrete composites,2008,30(9):806-814.

[139] REMADNIA A,DHEILLY R M,LAIDOUDI B,et al. Use of animal proteins as foaming agent in cementitious concrete composites manufactured with recycled PET aggregates[J]. Construction and building materials,2009,23(10):3118-3123.

[140] SAIKIA N,DE BRITO J. Waste polyethylene terephthalate as an aggregate in concrete[J]. Materials research,2013,16(2):341-350.

[141] CHOI Y W,MOON D J,KIM Y J,et al. Characteristics of mortar and concrete containing

fine aggregate manufactured from recycled waste polyethylene terephthalate bottles[J]. Construction and building materials,2009,23(8):2829-2835.

[142] CHOI Y W,MOON D J,CHUNG J S,et al. Effects of waste PET bottles aggregate on the properties of concrete[J]. Cement and concrete research, 2005, 35 (4): 776-781.

[143] KAN A,DEMIRBOĞA R. A novel material for lightweight concrete production[J]. Cement and concrete composites,2009,31(7):489-495.

[144] KAN A, DEMIRBOĞA R. A new technique of processing for waste-expanded polystyrene foams as aggregates[J]. Journal of materials processing technology, 2009,209(6):2994-3000.

[145] LAUKAITIS A, ŽURAUSKAS R, KERIENJ. The effect of foam polystyrene granules on cement composite properties[J]. Cement and concrete composites, 2005,27(1):41-47.

[146] PHAIBOON,PANYAKAPO. Reuse of thermosetting plastic waste for lightweight concrete[J]. Waste management,2008,28(9):1581-1588.

[147] ALBANO C, CAMACHO N, HERNÁNDEZ M, et al. Influence of content and particle size of waste pet bottles on concrete behavior at different w/c ratios[J]. Waste management,2009,29(10):2707-2716.

[148] AL-MANASEER A. Concrete containing plastic aggregates[J]. Concrete international, 1997,19:47-52.

[149] 过镇海. 混凝土的强度和变形-试验基础和本构关系[M]. 北京:清华大学出版社,1997.

[150] Standard method of test for the evaluation of building energy analysis computer programs: Standard 140-2017[S]. Atlanta:American Society of Heating, Refrigerating and Air-Condition Engineers,2017.

[151] 马小娥. 材料实验与测试技术[M]. 北京:中国电力出版社,2008.

[152] 陈建中. 用吸水动力学法测定混凝土的孔结构参数[J]. 混凝土,1989:6:9-13.